编 写 组

著　　者

席运官　　生态环境部南京环境科学研究所
陈秋会　　生态环境部南京环境科学研究所
徐爱国　　中国农业科学院农业资源与农业区划研究所
王　磊　　生态环境部南京环境科学研究所

主要成员

肖兴基　　生态环境部南京环境科学研究所
张怀志　　中国农业科学院农业资源与农业区划研究所
宗良纲　　南京农业大学
和文龙　　南京农业大学
王茂华　　国家市场监督管理总局认证认可技术研究中心
陈恩成　　中国国家认证认可监督管理委员会

前　　言

有机农业和有机产品认证在我国兴起与发展已有近30年时间，有机产品因其安全、优质、健康及环境友好的属性而被广大消费者所青睐，生产规模与销售额都在快速增长。近年来，随着我国生态文明建设的全面深入开展，有机产业的发展迎来了前所未有的机遇。截至2017年，我国按照有机产品标准进行生产与认证的有机植物面积达到428.3万hm^2，包括有机（含转换）作物种植面积302.3万hm^2，野生采集面积为126万hm^2，涉及获证企业数为11835家，有机产品认证有效证书18330张。

为支撑有机产业的科学发展，“十二五”国家科技支撑计划项目“区域优势特色有机产品认证关键技术研究与示范”将“有机产品产地环境适宜性评价关键技术研究”列为课题之一（2014BAK19B01），旨在开展有机产品产地环境适宜性评价关键技术研究，服务于有机产品认证、生产布局和基地建设。本研究确定有机产品产地环境适宜性评价相关的评价指标体系、评价方法和评价程序，绘制全国有机产品产地环境适宜区域分布示意图和蔬菜、茶叶、葡萄等区域优势特色产品全国有机种植、奶牛、淡水水产全国有机养殖优势区域分布示意图，编制有机产品产地环境适宜性评价和优势区域划分技术规范，为有机产品认证产地环境符合性判定和有机生产基地选址及科学布局提供技术支撑，为政策决策提供有效保障。

农产品产地环境系影响农产品生长发育的各种因素的总称，是影响农产品质量安全的基础因素，包括土壤、水体、大气等环境要素。在现代农业发展进程中，化肥、农药、农膜等农用物资的大量使用在增加农产品产量的同时，也导致农产品产地环境污染，影响作物的营养品质和安全品质，威胁人体健康。有机产品产地环境适宜性评价是开展有机认证的基础环节，也是有机生产基地选择的首要步骤。对于区域有机产业的发展，同样需要通过环境适宜性评价确定优先发展区域，合理规划布局，避免生产风险，这样有利于有机产品质量的宏观监管。

本书是“有机产品产地环境适宜性评价关键技术研究”课题主要研究成果的总结，由课题承担单位生态环境部南京环境科学研究所、中国农业科学院农业资源与农业区划研究所、南京农业大学和云南省环境科学研究院共同完成书稿的撰写。全书包括5章和附录。其中，第1章，农产品产地环境影响与环境标准分析，主要由陈秋会、冀宏杰、金淑、和丽萍、李丽娜完成。本章对产地环境中重金属和有机污染物对农产品产量及品质影响的研究现状进行了综合分析，对我国现行农产品不同认证管理体系产地环境标准进行了比较，以便读者能比较系统地了解产地环境对农产品的影响和我国的产地环境标准。第 2 章，有机产品产地环境适宜性评价技术，主要由席运官、王磊、陈秋会、宗良纲、张怀志完成。本章阐述有机产品产地环境适宜性评价技术，明确有机产品产地评价的指标体系与评价方法，从而对有机产品产地环境适宜性进行评估与等级划分。第 3 章，全国有机产品产地环境适宜性区域划分，主要由徐爱国、龙怀玉、席运官完成。本章根据有机产品认证对产地的环境质量要求，结合全国的自然、环境和经济发展，绘制以县域为单元的全国有机产品产地环境适宜性区域分布示意图，为各地有机产业的发展提供参考。由于本书基于县域尺度划分，不排除被判定为不适宜的县域含有适宜进行有机生产的基地，田块尺度的环境适宜性判定需要根据有机产品产地环境适宜性评价技术进一步评估和确认。另外，评估结果仅代表当年环境质量状况与环境适宜性，要根据区域环境质量的变化而不断修正。第 4 章，有机种植生产环境适宜性研究与优势区域划分，主要由张怀志、宗良纲、陈秋会、席运官完成。本章以蔬菜、茶叶、葡萄为研究对象，开展有机种植生产环境适宜性研究，并绘制这几类产品的产地环境适宜性分布示意图，不仅有利于引导有机生产者更好地管理和发展农业生产，更有助于引导相关产业发展的布局。第 5 章，有机养殖环境适宜性研究与优势区域划分，主要由和文龙、王磊完成。本章以奶牛有机养殖和特色淡水水产有机养殖为研究对象，开展有机畜禽、特色淡水水产养殖环境适宜性分析，并绘制产地环境适宜性分布示意图。全书由席运官统筹定稿。

在本书的撰写过程中，得到中国国家认证认可监督管理委员会、国家市场监督管理总局认证认可技术研究中心的指导与大力支持。肖兴基、王茂华、陈恩成、田伟、王超、李妍、张弛、刘明庆、杨育文、田然、黄思杰、朱瑞俊、张认连、杜霞飞、苑浩等也参与了书稿的整理，在此一并表示衷心的感谢！

由于作者水平有限，加之涉及的标准规范更新较快，书中难免存在疏漏和不足之处，敬请批评指正。

席运官

2018 年 12 月 31 日于南京

目　　录

第 1 章　农产品产地环境影响与环境标准分析

在现代农业发展进程中，化肥、农药及农膜等农用化学品的大量使用使得农产品的种类和产量不断增加，基本满足人们对量的需求，但也引起了农产品产地环境污染的问题，影响作物的营养品质和安全品质，威胁人体健康（潘攀等，2011）。近年来，镉大米、蔬菜重金属超标、农药残留超标等众多农产品安全事件频有发生（梁尧等，2013），农产品安全已成为时下让人担忧的问题之一。随着人民对美好生活需求的提高和食品安全意识的增强，消费者越来越倾向于购买绿色、有机农产品，市场需求呈加速增长的态势。产地环境——土壤、水体和大气是从事农业生产的本源所在，然而，产地环境污染成为制约我国绿色、有机农业发展的主要因素。“大气十条”“水十条”“土十条”的相继发布对改善我国农产品产地环境质量具有重要意义。本章对产地环境中重金属和有机污染物对农产品产量及品质影响的研究现状进行综合分析，为认识产地环境质量对有机产品开发的重要性提供参考依据。

1.1　产地环境对农产品质量的影响

1.1.1　农产品产地污染物的来源

农产品产地环境系影响农产品生长发育的各种因素的总称，是影响农产品质量安全的基础因素，包括土壤、水体、大气等环境要素。人类活动产生的污染物进入土壤、水体和大气并引起农产品赖以生长的环境恶化，对农产品质量和人体健康产生危害的现象即为农产品产地环境污染。目前，产地环境污染呈现无机、有机及复合污染的现象，其中，无机污染物以重金属为主，如镉、砷、铬、铜、锌等；有机污染物种类繁多，既包括苯、甲苯、二甲苯等挥发性有机污染物，又包括多环芳烃、多氯联苯等半挥发性有机污染物。

1. 产地环境中重金属的来源

据报道，我国受污染耕地已达 0.1 亿 hm^2，占 1.2 亿 hm^2 耕地的 8.3%，大部分为重金属污染（李本银等，2010；王付民等，2006）。化肥/有机肥的施用是产地环境中重金属最直接的来源。我国耕地面积不足全世界一成，却使用了全世界近40%的化肥。据调查，全国近20个磷肥（过磷酸钙）样品中锌含量为298mg/kg，镍为16.9mg/kg，铜为31.1mg/kg，铬为18.4mg/kg，钴为2.0mg/kg（张琼和万雷，2012）。我国每年通过施用有机肥进入农田的镉达778t，砷为1412t，铬为6113t，三者分别占进入农田总量的54.9%、23.8%和35.8%（Luo et al.，2009）。施用猪粪17年后的稻田土壤有效铜、锌和镉含量分别较施化肥处理增加335.9%、320.8%和421.4%（李本银等，2010）。因此，有机肥的安全性或许会成为化肥零增长的“拦路虎”。

工矿企业排放的烟尘和城市大气中的重金属等通过大气运输，经干湿沉降进入农田土壤（鲁荔等，2014）。研究表明，空气中80%～90%的铅来源于使用含铅汽油的机动车排放（刘英对和王峰，1999）。陈培飞等（2013）的研究显示，天津市大气中锌、铅、铜和铬等重金属在颗粒物中明显富集。煤和石油燃烧后产生的含重金属的烟尘10%～30%沉降在距排放源十几千米的范围内（杨景辉，1995）。全国约有1.2万座尾矿库，矿山开采产生的尾矿、矿渣堆放严重污染周边水体和土壤环境。我国西南和中南地区有色金属矿产资源丰富，镉等重金属元素背景值高是农产品重金属超标的主要原因之一，但研究也发现镉等重金属超过风险筛查值的农田，其蔬菜等农作物镉不超标，农田是否对作物有污染，需要对应地采集作物进行分析检测。2013年1月国务院办公厅发布《近期土壤环境保护和综合治理工作安排》，文件首次公开提出农业生产禁止使用污水、污泥，这有利于农田灌溉水质的控制和土壤污染的治理。

2. *产地环境中有机污染物的来源*

农药过量或不合理使用导致有机氯/有机磷农药在土壤中大量残留，甚至可转化为更毒或致癌的持久性有机污染物多氯联苯、多环芳烃等。被世界卫生组织确定为强致癌物质的苯、甲苯、二甲苯等苯系物广泛应用于生产除草剂类农药（谭冰等，2014）。虽然我国已明令禁止使用甲胺磷、对硫磷等剧毒、高残农药，但是新品种农药不断涌现，而且实际中使用禁用农药现象仍然存在，农产品中农药残留超标现象普遍，农药中毒事件时有发生。据悉，我国单位面积的农药使用量是世界平均水平的2.5倍。我国西北干旱地区农膜污染问题比较突出，农膜使用量从1991年的31.9万t增加到2015年的200多万t。农膜污染是由于农膜是很难降解的，残留于土壤或被烧掉产生二噁英等持久性有机污染物都会污染环境，每年农膜回收率不足2/3。生物质焚烧、燃煤和焦化企业多环芳烃排放比例分别为60%、20%和16%（Xu et al.，2006），其中京津冀周围地区草、木材和煤炭等燃烧对多环芳烃的贡献占绝大部分（曹云者等，2012）。汽车尾气排放及石油类产品等也是多环芳烃、苯系物等有机污染物来源（傅晓钦等，2008；张枝焕等，2011）。

1.1.2　产地污染物对农产品的影响

1. 重金属对农产品的影响

据全国首次土壤污染状况调查结果显示，19.4%的耕地土壤点位重金属超标。土壤中重金属具有富集性、生物累积性、不可逆性等特点，不能或不易被分解转化，通过食物链逐级浓缩放大，对生物产生毒性效应，重金属的食物链污染直接威胁人体健康。对植物的危害与毒性最强的重金属有汞、镉、铜、铅、铬和类金属砷，在食物链上易对人体健康产生危害的元素主要有 4 种，即汞、镉、砷、铅。作物受重金属污染的程度主要反映在作物的产量、品质和重金属含量上。

1）重金属对农产品生物学特性的影响

重金属对同一种植物的作用效果多数呈现“低促高抑”现象。重金属超标会扰乱作物体内的各种生理生化过程，与植物中的蛋白质结合，妨碍作物对氮、磷、钾等矿质元素的正常吸收，生长缓慢，从而影响作物的产量（黄奎付和邱险辉，2013）。重金属镉主要累积在 0～20cm 表层土壤，镉胁迫抑制韭菜等种子萌发，发芽指数和活力指数随镉浓度增加而下降（徐玲玲等，2016）；水稻、谷子和小麦根长、根系干重、根系总数、根系表面积和体积、根系活力明显受到抑制（肖亚涛等，2015；田保华等，2016），叶片叶绿素和蛋白质含量下降，丙二醛含量和细胞膜透性增加（张云芳等，2016），水稻的株高、穗长、有效穗、结实率、千粒重和产量有所下降（高芳等，2011），甚至可导致根系发黑，地上茎叶枯萎，作物死亡，常规水稻黄华占和武运粳 27 分别减产高达 62.1%和 39.9%（邓刚等，2016）。铬浓度为 10^{-5}mol/L 时明显抑制玉米根部生长，在 10^{-4}mol/L 时幼苗停止生长，含水量明显下降，冠根比增大，受到严重的氧化胁迫（黄辉等，2011）。铅浓度为 125mg/kg、锌浓度为 80mg/kg 时对玉米叶片叶绿素、芽、根、株高和干鲜重产生影响（孙雪萍等，2013）。

2）重金属对农产品营养品质的影响

研究表明，重金属对作物粗蛋白、还原糖、淀粉、脂肪、氨基酸等营养指标有较大影响（米艳华，2010），降低作物的品质。高砷水灌溉抑制作物对硒、镍和锌等有益元素的摄入，降低作物的营养价值（佟俊婷，2014）。铜过量使得甘蔗的出汁率、还原糖增加和纤维分降低，产糖量下降（郭家文等，2010）。随土壤中锌、铬浓度的增加，稻米垩白粒率、粗蛋白含量呈增加趋势，而直链淀粉含量呈降低趋势，土壤中锌、铬对水稻籽粒中铬含量产生了协同效应（朱雪梅等，2008）。土壤镉污染使得糙米中粗蛋白、粗淀粉、赖氨酸、直链淀粉等含量显著减少，降低糙米的营养价值（郑文娟和邓波儿，1993），使得小麦籽粒支链淀粉含量下降（郭天财等，2006）。镉胁迫降低了花生籽仁中脂肪含量，增加了亚油酸含量，降低了硬脂酸和油酸含量及油酸/亚油酸比值，导致花生制品货架寿命变短（高芳等，2011）。

3）重金属对农产品安全品质的影响

产地环境中的重金属含量关系到农产品中的重金属含量。研究发现，土壤中重金属含量和植物地上部、稻米、小麦籽粒、蔬菜重金属含量具有显著的线性相关（徐友宁等，2007；王爽等，2014）。有研究指出蔬菜、小麦各器官中的铅主要来自根从土壤中吸收的有效铅，表明经根系从土壤中吸收铅是作物铅积累的主要方式（魏秀国和王少毅，2002）。与其他重金属相比，土壤镉很容易迁移到蔬菜可食用部分和谷物籽粒（Guo et al.，2013），这主要是由于土壤中镉活性高、移动性强，尤其当土壤 pH 低于 5.5 时，土壤中镉的植物有效性提高，并且土壤镉浓度在达到毒害植物之前就可以使植物可食用部分镉含量超过食用标准而危害人类健康（McLaughlin et al.，1999），此时应严格限制外源镉进入土壤。在大气污染较重的地区，叶片对重金属的吸收不可忽视。据不完全估计，大气重金属污染对城郊蔬菜重金属污染的贡献率可高达 10%（杨肖娥等，2002）。利用铅同位素研究高速公路边水稻体内重金属来源的结果表明，稻米中 46%的铅和 41%的镉来自大气沉降，表明高速公路两旁的作物生产布局需要考虑农产品的安全（冯金飞，2010）。

不同重金属在作物体内富集的部位有所差异。在重金属胁迫条件下，玉米、水稻、油菜、花生、小麦体内的铅、镉、铬含量分布表现为根＞茎（秸秆）＞叶＞籽粒（郑宏艳等，2015a，2015b；武琳霞等，2016），玉米根系的铬含量是茎部的 4～20 倍（孙洪欣等，2015）。玉米各器官中锌富集量高低顺序为叶＞籽粒＞根＞秸秆（孙雪萍等，2013）。甘蔗铜积累能力表现为根＞茎＞叶＞梢头，随外源铜浓度的增加而增加，呈显著的正相关（郭家文等，2010）。作物品种的差异使得作物对重金属的积累能力和转运能力存在显著差异。在镉胁迫下杂交稻的籽粒部位表现出优于常规稻的镉低累积特性。植株体内的镉迁移系数低是造成小麦籽粒中镉含量低的主要原因，对镉胁迫有更好的耐性，植株中镉含量及其迁移系数随镉浓度的变大而变大。孙洪欣等（2015）指出，由于玉米先玉 335 体内重金属迁移能力较弱，籽实中镉、铅含量显著低于其他品种，适宜在华北地区镉、铅轻度污染区推广种植。因此筛选和培育重金属低积累农作物品种是保证农产品安全生产的有效途径之一。

2. 有机污染物对农产品的影响

有机污染物主要通过根部吸收或沉降到植物叶表面扩散进入植物体内，分子量大、疏水性较强的有机污染物主要通过根部被吸收，其中几乎所有的非离子型有机污染物都是在蒸腾拉力迁移动力的作用下被动吸收进入植物体内，极少数有机污染物如苯氧基酸型除草剂可被植株主动吸收（林庆祺等，2013）。

有机污染物可抑制农作物的生长发育及其对矿质营养的吸收利用，降低农产品产量和品质，通过生物富集和放大作用，最终危害人体健康。研究表明，有机污染物（邻苯二甲酸酯、表面活性剂等）导致菠菜出苗率低，植株矮小；花椰菜叶片卷曲，结球迟，成球少；萝卜、黄瓜根系老化，萝卜减产 12.8%～60%（曾巧云等，2006）。另外，邻苯二甲酸酯干扰类胡萝卜素合成而致使叶绿素功能发生障碍，从而导致青花菜和菠菜可食用部位维生素 C 含量有所下降（蔡全英等，2005）；表面活性剂明显降低小麦体内氨基酸含量（黄士忠等，1994），促进植物对重金属和农药的吸收富集（龚宁，2011），降低作物的营养品质和安全品质。石油烃浓度较高时会在植物根系上形成一层黏膜，阻碍根系对营养元素的吸收及影响其呼吸功能，甚至引起根系腐烂，而且有毒物质进入植物体内会产生一定的毒害作用，抑制植物生长（许端平和王波，2006）。研究表明，土壤石油烃含量高导致黄豆生长受到明显抑制，出苗率、产量、籽粒品质明显下降（李春荣等，2007）。挥发性有机污染物苯系物导致植物叶片光合系统受到损害，叶绿素、可溶性糖含量降低（鲁敏等，2016），抑制小麦根和芽的伸长（刘尧等，2010）。由于苯并[a]芘的疏水性，只限于根部接触吸收（或吸附）而难以通过根部组织向地上部运输（孙清等，2002），水稻、小麦籽实中的苯并[a]芘主要来自大气污染的贡献，土壤和水是次要的（高拯民等，1981；王冰妍等，2009），因此，应重点关注大气中的苯并[a]芘。

农药的大量使用引发越来越多的食品安全问题，最直接的原因就是农产品的农药残留严重超标。农药会直接附着或渗入作物内部，“海南毒豇豆”中甲胺磷、水胺硫磷等农药残留严重超标。据报道，我国农药的有效利用率为 30%～40%，而真正作用于靶标生物的不到 1%，大部分散落在作物周边环境——土壤、水体和大气，污染农产品产地环境。土壤中的残留农药不仅导致下茬作物种子根尖、芽梢等部位变褐或腐烂，降低出苗率（余露，2009），而且作物根系吸收残留农药在农产品内富集，导致作物农药残留污染，引发食品安全事件。

1.1.3　结语

土壤、水体和大气等环境因素是农作物赖以生存/生长的基础，产地环境中的重金属、有机污染物等的存在抑制作物的生长，降低农产品的产量、营养品质和安全品质，威胁人体健康。因此，我们要加强研究大气/水体/土壤—污染物（重金属、农药等）—作物的相互关系，以及污染物在土壤—作物—人体中的迁移、转化和积累规律，构建农产品产地环境安全评价指标体系，进一步提高标准的科学性和实用性，为优化和控制产地环境质量，提高我国农产品质量提供技术支撑。同时，对于绿色、有机农产品生产，我们既要制定完善和严格的绿色、有机农产品产地环境质量标准，又要重视对产地环境的监测和评估，开展区域适宜性划分，选择符合产地环境质量标准的区域进行生产，这不仅从源头确保农产品生产规范和产品安全优质，使消费者放心消费认证的绿色、有机产品，促进我国农业产业的可持续发展，而且有利于绿色、有机农产品生产示范基地的创建和发展规划，保障我国绿色、有机农业的合理发展。

1.2 我国农产品不同认证管理体系产地环境标准比较

适宜的产地环境是对种植业的最基本要求，一般包括空气、水体和土壤3种要素，产地环境条件的优劣直接影响农产品质量，农产品产地环境安全是农产品质量安全的基本保障（李玉浸，2011；王学军和龙文静，2014）。我国的农产品主要有3种质量管理体系：无公害食品、绿色食品和有机产品，除此之外即为普通农产品。三者同属我国的安全食品系列，其中无公害食品与绿色食品体系是我国特有体系，由农业部门管理，有机产品体系则是国际通用体系，由中国国家认证认可监督管理委员会、环境保护部门和农业部门管理。环境标准也是实施环境管理的重要依据（王国庆和林玉锁，2014），各食品体系也以标准的形式对产地环境提出了不同要求。

我国标准类型众多，制定部门、制定区域各异，种植类型多样，这决定了产地环境标准研究的复杂性。从标准类型来看，可分为国家标准、行业标准、地方标准和企业标准；从制定部门或行业来看，可分为农业行业标准、林业行业标准和环境保护行业标准等；从作物类型来看，可分为作物大类（如蔬菜、粮食等）和作物种类（如小麦、番茄等）。我国对不同农产品管理体系的研究多侧重于对作物生长过程（产中）及最终产品品质（产后）的对比，对产地环境（产前）研究较少；而产地环境标准研究多为两个体系之间的对比（李晓亮等，2014）或某一个体系内环境因子之间的对比（李花粉等，2008；杨柳等，2009），尚缺乏对不同体系、不同标准级别、不同环境因子的系统性比较。同时，标准本身也需要根据科学研究与社会需求的最新发展对监测指标与限值进行定期或不定期更新，有必要对最新（现行有效）标准进行系统梳理、综合分析与对比。此外，我国正在进行有机产品产地环境优势区域划分工作，而绿色食品和无公害食品产地环境标准可为这一工作提供重要参考依据。

1.2.1 我国不同管理体系农产品产地环境标准的制定数量与命名特征

1. 产地环境标准的分布状况

对不同级别、各类农产品制定的标准数量统计结果显示，截至2014年11月，我国现行有效标准中，直接或间接与农产品产地环境相关的标准超过100个。

按照标准类型来分，国家标准（GB）11 个，行业标准 133 个。在行业标准中，农业行业标准（NY）最多，达 110 个，林业行业标准（LY）20 个，环境保护行业标准（HJ）3 个（表 1-1）。

表 1-1　我国各类农产品不同级别标准数量统计

农产品类别	国家标准（GB）	行业标准			总计
		农业（NY）	林业（LY）	环境保护（HJ）	
普通农产品	8	48	19	2	77
有机产品	1	2	0	1	4
无公害食品	2	58	1	0	61
绿色食品	0	2	0	0	2
总计	11	110	20	3	144

这些标准按照农产品管理体系来分，普通农产品 77 个，有机产品 4 个，无公害食品 61 个，绿色食品 2 个。

（1）普通农产品。普通农产品环境标志是国家对农业产地环境的基本要求，未针对任何特定管理体系的农产品，故称为普通农产品。普通农产品的空气、灌溉水、土壤环境标准各有 1 个，共计 3 个，均为国家强制标准（空气与土壤环境质量标准由原环境保护部制定，灌溉水质量标准由农业部制定），分别为：《环境空气质量标准》（GB 3095—2012）（农村地区归属于二类功能区）；《农田灌溉水质标准》（GB 5084—2005）；《土壤环境质量 农用地土壤污染风险管控标准（试行）》（GB 15618—2018）。除了以上 3 个国家标准外，环境保护行业标准中针对食用农产品和温室蔬菜制定了产地环境质量标准；农业行业标准中针对水稻、大豆、小麦、烟草、茶叶、花生、苹果、葡萄、京白梨、人参和玉米 11 种作物制定了产地环境条件标准。

（2）有机产品。我国尚未专门制定针对有机产品产地环境要求的普适性规范文件，而是引用前述普通农产品的 3 个国家标准，即土壤环境质量执行 GB 15618—2018 标准；灌溉水质量采用《农田灌溉水质标准》（GB 5084—2005）的规定；空气质量执行《环境空气质量标准》（GB 3095—2012）中的二级标准。例如，在国家标准《有机产品 第 1 部分：生产》（GB/T 19630.1—2011）及原环境保护部制定的《有机食品技术规范》（HJ/T 80—2001）中，在“规范性引用文件”中均引用前述 3 个国家标准分别作为有机产品的土壤、灌溉水、空气标准。但是，农业行业标准对某些特定作物（茶）有专门针对环境条件的规范，如《有机茶产地环境条件》（NY 5199—2002）。

（3）无公害食品。我国制定了一系列专门针对无公害食品产地环境要求的标准，在三类农产品中标准制定是最齐全的。其中既有针对作物大类的，也有针对作物种类的。针对作物大类的国家标准有 2 个，分别针对无公害蔬菜和水果产地环境；农业行业标准有 7 个，分别针对无公害蔬菜、设施蔬菜、水生蔬菜、大田作物、热带水果、林果类、香辛料产地环境；针对作物种类产地环境的农业行业标准有 11 个，作物分别为水稻、草莓、猕猴桃、西瓜、哈密瓜、桃、鲜食葡萄、饮用菊花、窨茶用茉莉花、茶叶和人参。此外，还制定了无公害食品产地环境质量调查规范和产地环境评价准则。

（4）绿色食品。我国农业部门针对绿色食品产地环境制定了专门的标准，即《绿色食品 产地环境质量》（NY/T 391—2013）。

2. 我国农产品产地环境标准的名称特征

通过分析农产品产地环境标准的名称，可以发现我国产地环境相关标准的命名一般有以下几种方式，不同方式其所适用的范围和标准级别也有所不同。

第 1 种标准名称中含产地环境三要素空气、灌溉水、土壤环境中的一种，即以空气质量标准、灌溉水质标准或土壤环境质量标准命名，如《环境空气质量标准》（GB 3095—2012），这种命名方式仅出现于国家标准。在收集的 144 个标准中，以这种方式命名的有 3 个。

第 2 种标准名称中含“产地环境”字样，如产地环境要求、产地环境条件、产地环境技术条件，这种命名方式常见于行业标准，如《无公害农产品种植业 产地环境条件》（NY/T 5010—2016）；在收集的 144 个标准中，以这种方式命名的有 40 个。

第 3 种标准名称中含“生产技术规程”字样，这类标准中，产地环境一般放在生产技术规范类文件的最前部，之后是栽培技术、田间管理、病虫害防治、收获技术等，体现了产地环境对作物生长无可比拟的重要性。这种命名方式常见于行业标准，如《苹果生产技术规程》（NY/T 441—2013）。以这种方式命名的标准数量最多。在收集的 144 个标准中，以这种方式命名的有 97 个。

在这 3 种方式中，前 2 种命名方式的标准最直接，对各种产地环境要素给出直接的限定，可以称为狭义的产地环境标准；第 3 种方式命名的标准通常不直接给出具体的限定条件，而是采取引用的方式，从而保证生产技术规程的完整性，以这种方式命名的标准与前 2 种标准一起可称为广义的产地环境标准。

1.2.2 我国农产品产地环境标准的监测指标

我国不同农产品管理体系对产地空气质量、灌溉水质量和土壤环境质量有不同要求，故不同农产品管理体系也各自形成了相应的监测指标体系。不同体系农产品监测指标的共有项反映了该指标的通用性和重要性。

1. 空气质量

由表 1-2 可知，不同体系空气质量监测指标的共有项只有 1 项：二氧化硫。

表 1-2 不同管理体系农产品产地环境空气质量监测指标

农产品类型	标准类型	监测指标
普通农产品	GB	基本控制项目：二氧化硫、二氧化氮、一氧化碳、臭氧、PM_{10}、$PM_{2.5}$ 选择控制项目：总悬浮颗粒物、氮氧化物、铅、苯并[a]芘
	HJ（食用农产品）	基本控制项目：二氧化硫、氟化物、铅 选择控制项目：总悬浮颗粒物、二氧化氮、苯并[a]芘、臭氧
	HJ（温室蔬菜）	基本控制项目：二氧化硫、氟化物、铅、二氧化氮 选择控制项目：总悬浮颗粒物、苯并[a]芘
有机产品	GB、HJ	与普通农产品 GB 相同
	NY（茶）	总悬浮颗粒物、二氧化硫、二氧化氮、氟化物
无公害食品	GB（蔬菜、水果）	总悬浮颗粒物、二氧化硫、氮氧化物、氟化物、铅
	NY（热带水果、林果类、大田作物、水生蔬菜、香辛料）	总悬浮颗粒物、二氧化硫、二氧化氮、氟化物
	NY（蔬菜）	总悬浮颗粒物、二氧化硫、氟化物
	NY（设施蔬菜）	二氧化硫、二氧化氮
绿色食品	NY	总悬浮颗粒物、二氧化硫、二氧化氮、氟化物

1）普通农产品对产地空气质量的监测指标

《环境空气质量标准》（GB 3095—2012）规定了我国对种植业产地空气环境的基本要求，其中农村地区归属于二类功能区，浓度限值按照二级标准。该标准含 10 个空气污染物项目（表 1-2），其中前 6 项为基本控制项目，在全国范围内实施，后 4 项为选择控制项目，由国务院环境保护行政主管部门或省级人民政府根据实际情况，确定具体实施方式。由于镉、汞、砷、六价铬和氟化物 5 项指标作为资料性附录，所以未列入。

针对食用农产品和温室蔬菜的 2 个环境保护行业标准，即《食用农产品产地环境质量评价标准》（HJ 332—2006）和《温室蔬菜产地环境质量评价标准》（HJ 333—2006），在此基础上根据作物特性增加了氟化物指标，指标数则分别精简为 7 项和 6 项。

2）有机产品对产地空气质量的监测指标

如前所述，我国没有制定专门针对有机产品产地空气质量的标准，而是引用《环境空气质量标准》（GB 3095—2012）。在农业行业标准《有机茶产地环境条件》（NY 5199—2002）中 4 项监测指标分日平均和 1 小时平均 2 个取样监测时间类型。

3）无公害食品对产地空气质量的监测指标

《农产品安全质量 无公害蔬菜产地环境要求》（GB/T 18407.1—2001）与《农产品安全质量 无公害水果产地环境要求》（GB/T 18407.2—2001）2 个国家标准[①]分别规定了无公害蔬菜和水果空气监测指标，均为 5 项：总悬浮颗粒物、二氧化硫、氮氧化物、氟化物、铅。

《无公害农产品种植业 产地环境条件》（NY/T 5010—2016）规定了无公害热带水果、林果类、大田作物、水生蔬菜、香辛料的 4 项空气检测指标，与前述国标相比去掉了铅指标，同时用二氧化氮代替氮氧化物指标；而对于无公害蔬菜，则在此基础上减少了二氧化氮指标，使指标数变为 3 项；设施蔬菜的指标最少，只有 2 项。

《无公害食品 产地环境评价准则》（NY/T 5295—2015）则进一步规定了严格控制指标和一般控制指标的区别：严格控制指标有 2 项，分别为二氧化硫和二氧化氮，除此以外的其他项目为一般控制指标。

4）绿色食品对产地空气质量的监测指标

《绿色食品 产地环境质量》（NY/T 391—2013）规定了 4 项指标，每项指标含日平均和 1 小时 2 个取样监测时间类型。

2. 灌溉水质量

由表 1-3 可知，各种体系的灌溉水质量监测指标的共有项有 6 项，分别为 pH、汞、镉、砷、铅和六价铬。

表 1-3　不同管理体系农产品产地环境灌溉水质量监测指标

农产品类别	标准类型	监测指标
普通农产品	GB	基本控制项目：五日生化需氧量（BOD_5）、化学需氧量（COD）、悬浮物、阴离子表面活性剂、水温、pH、全盐量、氯化物、硫化物、总汞、镉、总砷，铬（六价）、铅、粪大肠菌群数、蛔虫卵数 选择控制项目：铜、锌、硒、氟化物、氰化物、石油类、挥发酚、苯、三氯乙醛、丙烯醛、硼
	HJ（食用农产品）	基本控制项目：pH、总汞、总镉、总砷，六价铬、总铅 选择控制项目：三氯乙醛、水温、粪大肠菌群数、蛔虫卵数、全盐量、氯化物、总铜、总锌、总硒、氟化物、氰化物、硫化物、石油类、挥发酚、苯、丙烯醛、总硼

① 《农产品安全质量 无公害蔬菜产地环境要求》（GB/T 18407.1—2001）和《农产品安全质量 无公害水果产地环境要求》（GB/T 18407.2—2001）于 2015 年 3 月 1 日废止。

续表

农产品类别	标准类型	监测指标
普通农产品	HJ（温室蔬菜）	基本控制项目：COD、pH、粪大肠菌群数、总汞、总镉、总砷，六价铬、总铅、硝酸盐 选择控制项目：BOD_5、悬浮物、蛔虫卵数、全盐量、氯化物、总铜、总锌、氰化物、硫化物、石油类、挥发酚、苯、三氯乙醛、丙烯醛
有机产品	GB、HJ	与普通农产品 GB 相同
	NY（茶）	pH、总汞、总镉、总砷、总铅、铬（六价）、氰化物、氯化物、氟化物、石油类
无公害食品	GB（蔬菜、水果）	氯化物、氰化物、氟化物、总汞、砷、铅、镉、铬（六价）、石油类、pH
	NY（大田作物）	pH、COD、汞、镉、砷、铅、铬（六价）、氟化物
	NY（蔬菜）	pH、COD、汞、镉、砷、铅、铬（六价）、氰化物、石油类、粪大肠菌群数
	NY（林果类、水生蔬菜）	pH、汞、镉、砷、铅、铬（六价）、氟化物、氰化物、石油类
	NY（热带水果）	pH、汞、镉、砷、铅、铜、铬（六价）、氯化物、氟化物、氰化物、石油类
	NY（设施蔬菜）	肉眼可见物、异臭、pH、COD、汞、镉、砷、铅、铬（六价）、石油类、挥发酚、全盐量、粪大肠菌群数
	NY（香辛料）	基本控制项目：pH、汞、砷、铅、镉、六价铬、COD 选择控制项目：氟化物、氰化物、石油类
绿色食品	NY	总汞、总镉、总砷、总铅、六价铬、氟化物、化学需氧量、石油类、pH、粪大肠杆菌

1）普通农产品对产地灌溉水质量的监测指标

《农田灌溉水质标准》（GB 5084—2005）针对水作、旱作、蔬菜分别做出了限定性规定。其中基本控制项目 16 项，选择控制项目 11 项。

2）有机产品对产地灌溉水质量的监测指标

我国没有制定专门针对有机产品产地环境灌溉水质量标准，而是引用《农田灌溉水质标准》（GB 5084—2005）。除此之外，《有机茶产地环境条件》（NY 5199—2002）规定了 10 项灌溉水水质检测指标。

3）无公害食品对产地灌溉水质量的监测指标

GB/T 18407.1—2001 与 GB/T 18407.2—2001 这 2 个国家标准分别规定了无公害蔬菜、水果产地的灌溉水监测指标，均为 10 项，指标相同；针对食用农产品与温室蔬菜的 2 个环保行业标准在国家标准基础上精简了基本控制指标，且针对温室蔬菜增加了硝酸盐指标。

农业行业标准（NY/T 5010—2016）对热带水果、蔬菜、林果类、大田作物、水生蔬菜、设施蔬菜的指标分别为 11 项、10 项、9 项、8 项、9 项、13 项，六类作物的共有指标为 pH、汞、镉、砷、铅、铬（六价），非共有指标为：氯化物、氟化物、铜、粪大肠菌群数、COD、氰化物、石油类、挥发酚、全盐量、肉眼可见物、异臭；香辛料的指标则分为基本控制项目与选择控制项目两类，分别为 7 项和 3 项。

《无公害食品 产地环境评价准则》（NY/T 5295—2015）进一步明确了无公害食品产地环境的 6 项严格控制指标，除此以外的其他项目为一般控制指标。

4）绿色食品对产地灌溉水质量的监测指标

《绿色食品 产地环境质量》（NY/T 391—2013）灌溉水质要求监测项目 10 项，其中粪大肠杆菌项目仅针对蔬菜、瓜类和草本水果。

3. 土壤环境质量

由表 1-4 可知，各种体系土壤环境质量监测指标的共有项有 6 项，分别为镉、汞、砷、铜、铅和铬。

表 1-4 不同管理体系农产品产地环境土壤质量监测指标

农产品类别	标准类型	监测指标
普通农产品	GB	基本控制项目：镉、汞、砷、铜、铅、铬、锌、镍 选择控制项目：六六六、滴滴涕、苯并[a]芘
	HJ（食用农产品）	基本控制项目：总镉、总汞、总砷、总铅、总铬、总铜、六六六、滴滴涕 选择控制项目：总锌、总镍、稀土总量、全盐量
	HJ（温室蔬菜）	基本控制项目：总镉、总汞、总砷、总铅、总铬、六六六、滴滴涕、全盐量 选择控制项目：总铜、总锌、总镍
有机产品	GB、HJ	与普通农产品 GB 相同
	NY（茶）	镉、汞、砷、铅、铬、铜、pH
无公害食品	GB 蔬菜	总汞、总砷、铅、镉、铬（六价）、六六六、滴滴涕
	GB（水果）	总汞、总砷、总铅、总镉、总铬、六六六、滴滴涕
	NY（热带水果）	镉、汞、砷、铅、铬、铜、六六六、滴滴涕
	NY（大田作物、蔬菜、设施蔬菜、水生蔬菜、林果类）	镉、汞、砷、铅、铬
	NY（香辛料）	基本控制项目：汞、砷、铅 选择控制项目：镉、铬、铜、锌、镍
绿色食品	NY	环境质量：总镉、总汞、总砷、总铅、总铬、总铜 肥力质量：有机质、全氮、有效磷、速效钾、阳离子交换量

1）普通农产品对产地土壤质量的监测指标

《土壤环境质量 农用地土壤污染风险管控标准（试行）》（GB 15618—2018）规定我国对种植业产地土壤环境的基本要求，分为风险筛选值和风险管制值，其中风险筛选值项目包括 8 项必测指标和 3 项选测指标；风险管制值项目包括镉、汞、砷、铅、铬。

环境保护行业标准将基本监测指标均减少为 8 项，具体指标区别体现在总铜（食用农产品）与全盐量（温室蔬菜）上；监测指标总数均多于国家标准，这与空气、灌溉水监测指标情况有所不同。

2）有机产品产地环境土壤质量的要求

我国没有制定专门针对有机产品产地环境的土壤质量标准，而是引用《土壤环境质量 农用地土壤污染风险管控标准（试行）》（GB 15618—2018）。除此之外，《有机茶产地环境条件》（NY 5199—2002）规定的产地土壤监测指标为 7 项。

3）无公害食品对产地土壤质量的检测指标

两个国家标准 GBT 18407.1—2001、GBT 18407.2—2001 分别给出了无公害蔬菜、无公害水果的产地土壤环境要求：蔬菜土壤环境质量指标 7 个，分 3 个 pH 等级（＜6.5、6.5～7.5、＞7.5）分别给出指标；水果土壤环境质量指标也是 7 个，不同的是将蔬菜标准中的六价铬改为总铬。

农业行业标准（NY/T 5010—2016）对热带水果检测指标最多，与水果国标（GB/T 18407.2—2001）相同，为 8 项。蔬菜、林果类、大田作物、设施蔬菜、水生蔬菜的指标去掉了铜、六六六和滴滴涕 3 项指标，从而指标数减为 5 项；香辛料的指标则分为基本控制项目与选择控制项目两类，分别为 3 项和 5 项。

农业行业标准《无公害食品 产地环境评价准则》（NY/T 5295—2015）则明确了 5 项为严格控制指标，除此以外的其他项目均为一般控制指标。

4）绿色食品对产地土壤质量的监测指标

与前述 3 类农产品对土壤的要求不同，《绿色食品 产地环境质量》（NY/T 391—2013）增加了对土壤肥力的要求。该标准中，土壤环境质量要求监测项目 6 项，按 pH 范围（＜6.5、6.5～7.5、＞7.5）与土壤耕作方式（水田、旱地）分别要求；土壤肥力质量要求监测项目 5 项，按旱地、水田、菜地、园地、牧地分别要求。

1.2.3　我国对不同类型农产品产地环境标准的限值特征

通过 6 个空气质量检测指标，12 个灌溉水质量检测指标，13 个土壤质量监测指标（类）的限值，分析了我国对不同类型农产品产地环境标准的限值特征，结果见表 1-5 和表 1-6。

表 1-5　不同管理体系农产品产地环境空气、灌溉水质量标准限值

类别	监测指标	时间	有机产品/普通农产品	无公害食品	绿色食品	单位
空气	总悬浮颗粒物	年平均	200 可	—	—	μg/m^3
		24h 平均	300 可	300	300	
	二氧化硫	年平均	60 必	—	—	μg/m^3
		24h 平均	150 必	150	150	
		1h 平均	500 必	500	500	
	氮氧化物	年平均	50 可	—	—	μg/m^3
		24h 平均	100 可	100	—	
		1h 平均	250 可	150	—	
	二氧化氮	24h 平均	—	—	80	μg/m^3
		1h 平均	—	—	200	
	氟化物	24h 平均	—	5	7	*
		1h 平均	—	—	20	*
	铅	年平均	0.5 可	—	—	μg/m^3
		季平均	1 可	—	—	
		24h 平均	—	1.5	—	
灌溉水	pH		5.5～8.5 必	5.5～8.5	5.5～8.5	—
	总汞		0.001 必	0.001	0.001	mg/L
	总镉		0.01 必	0.005	0.005	mg/L
	总砷		0.05 必	0.05	0.05	mg/L
	总铅		0.2 必	0.1	0.1	mg/L
	六价铬		0.1 必	0.1	0.1	mg/L
	氟化物		2**可	3	2	mg/L
	氰化物		0.5 可	0.5	—	mg/L
	化学需氧量		100[a]，60[b] 必	—	60	mg/L
	石油类		1	1	1	mg/L
	粪大肠杆菌		2000[a]，1000[b] 必	—	1000	个/100mL
	氯化物		350 必	250	—	mg/L

注：本表中“必”代表基本控制项目；“可”代表选择控制项目或其他项目；“—”代表无该项。

* 氟化物的单位，无公害食品为 μg/(dm^2·d)，绿色食品为 μg/m^3；**《农田灌溉水质标准》(GB 5084—2005) 对于氟化物限值分为“一般地区”与“高氟区”分别制定，本表选用“一般地区”。

a 加工、烹调及去皮蔬菜；b 生食类蔬菜、瓜类和草本水果。

表 1-6　不同管理体系农产品产地环境土壤质量标准限值　（单位：mg/kg）

<table>
<tr><th rowspan="2">监测指标</th><th colspan="5">有机产品/普通农产品</th><th colspan="3">无公害食品</th><th colspan="3">绿色食品</th></tr>
<tr><th>pH</th><th>≤5.5</th><th>5.5～6.5</th><th>6.5～7.5</th><th>>7.5</th><th><6.5</th><th>6.5～7.5</th><th>>7.5</th><th><6.5</th><th>6.5～7.5</th><th>>7.5</th></tr>
<tr><td rowspan="2">镉</td><td>其他</td><td>0.3</td><td>0.3</td><td>0.3</td><td>0.6</td><td rowspan="2">0.3</td><td rowspan="2">0.3</td><td rowspan="2">0.6</td><td>0.3</td><td>0.3</td><td>0.4</td></tr>
<tr><td>水田</td><td>0.3</td><td>0.4</td><td>0.6</td><td>0.8</td><td>0.3</td><td>0.3</td><td>0.4</td></tr>
<tr><td rowspan="2">汞</td><td>其他</td><td>1.3</td><td>1.8</td><td>2.4</td><td>3.4</td><td rowspan="2">0.3</td><td rowspan="2">0.5</td><td rowspan="2">1.0</td><td>0.25</td><td>0.3</td><td>0.35</td></tr>
<tr><td>水田</td><td>0.5</td><td>0.5</td><td>0.6</td><td>1.0</td><td>0.3</td><td>0.4</td><td>0.4</td></tr>
<tr><td rowspan="2">砷</td><td>其他</td><td>40</td><td>40</td><td>30</td><td>25</td><td rowspan="2">40</td><td rowspan="2">30</td><td rowspan="2">25</td><td>25</td><td>20</td><td>20</td></tr>
<tr><td>水田</td><td>30</td><td>30</td><td>25</td><td>20</td><td>20</td><td>20</td><td>15</td></tr>
<tr><td rowspan="2">铜</td><td>果园</td><td>150</td><td>150</td><td>200</td><td>200</td><td rowspan="2">—</td><td rowspan="2">—</td><td rowspan="2">—</td><td>50</td><td>60</td><td>60</td></tr>
<tr><td>其他</td><td>50</td><td>50</td><td>100</td><td>100</td><td>50</td><td>60</td><td>60</td></tr>
<tr><td rowspan="2">铅</td><td>其他</td><td>70</td><td>90</td><td>120</td><td>170</td><td rowspan="2">100</td><td rowspan="2">150</td><td rowspan="2">150</td><td>50</td><td>50</td><td>50</td></tr>
<tr><td>水田</td><td>80</td><td>100</td><td>140</td><td>240</td><td>50</td><td>50</td><td>50</td></tr>
<tr><td rowspan="2">铬</td><td>其他</td><td>150</td><td>150</td><td>200</td><td>250</td><td rowspan="2">—</td><td rowspan="2">—</td><td rowspan="2">—</td><td>120</td><td>120</td><td>120</td></tr>
<tr><td>水田</td><td>250</td><td>250</td><td>300</td><td>350</td><td>120</td><td>120</td><td>120</td></tr>
<tr><td>镍</td><td></td><td>60</td><td>70</td><td>100</td><td>190</td><td>—</td><td>—</td><td>—</td><td>—</td><td>—</td><td>—</td></tr>
<tr><td>锌</td><td></td><td>200</td><td>200</td><td>250</td><td>300</td><td></td><td></td><td></td><td></td><td></td><td></td></tr>
<tr><td>六价铬</td><td></td><td>—</td><td>—</td><td>—</td><td>—</td><td>150</td><td>200</td><td>250</td><td>—</td><td>—</td><td>—</td></tr>
<tr><td>六六六</td><td colspan="5">0.1</td><td colspan="3">0.5</td><td colspan="3">—</td></tr>
<tr><td>滴滴涕</td><td colspan="5">0.1</td><td colspan="3">0.5</td><td colspan="3">—</td></tr>
<tr><td>苯并[a]芘</td><td colspan="5">0.55</td><td colspan="3">—</td><td colspan="3">—</td></tr>
<tr><td>肥力指标</td><td colspan="5">无</td><td colspan="3">无</td><td colspan="3">有</td></tr>
</table>

注：土壤肥力指标包括有机质、全氮、有效磷、速效钾、阳离子交换量 5 项，由于仅绿色食品有此指标，因而不再以具体数值表示，而以“有”或“无”表示。《土壤环境质量 农用地土壤污染风险管控标准（试行）》（GB 15618—2018）关于镉、汞、砷、铅、铬的标准分为水田和其他，铜的标准分为果园和其他；《绿色食品 产地环境质量》（NY/T 391—2013）的标准分为水田和旱地。

3 种管理体系对空气质量的要求基本一致，基本都采用了国标。不同之处主要为监测指标的选择上，绿色食品未采用无公害与有机产品的氮氧化物指标，而采用二氧化氮指标；绿色食品和无公害食品有氟化物指标；绿色食品不含铅指标，而有机产品与无公害食品的铅指标取样监测时间不同。

3 种管理体系对灌溉水质量的要求，总体严格程度排序为：绿色食品＞无公害食品＞有机产品/普通农产品。具体不同之处为化学需氧量和粪大肠杆菌 2 个指标均为绿色食品标准最严，总铅指标则表现为无公害食品与绿色食品标准相同，严于有机产品/普通农产品。

与空气、灌溉水不同，3 种管理体系对土壤质量要求的严格程度差异明显加大，总体严格程度排序为：绿色食品＞无公害食品＞有机产品/普通农产品。具体不同之处为：3 类农产品中，绿色食品的 6 种重金属限值均明显偏低，同时指标进一步细化为旱地和水田 2 类，且增加了肥力指标；有机产品中增加了镍、锌和苯并[a]芘指标。

综合以上 6 个空气质量监测指标，12 个灌溉水质量监测指标，13 个土壤质量监测指标（类）的限值分析结果表明，对产地环境的要求严格程度排序为，绿色食品最高，无公害食品次之，有机产品/普通农产品最低；而对环境三要素的比较结果显示，3 种管理体系对土壤环境质量的要求差异最大，灌溉水质量次之，空气质量的要求差异最小。

1.2.4　讨论与结论

1. 关于标准表达的统一性与衔接性问题

在进行不同标准的对比研究中发现，对于同一个监测指标，不同标准有不同的表达方式；同时，不同标准间指标限值的衔接也较欠缺，一定程度上影响了标准之间对比的便捷性，主要体现在 5 个方面：①监测指标表达方式的界定方法不统一，如“汞”与“总汞”、“铬（六价）”与“六价铬”；②监测指标的单位不统一，如“$\mu g/m^3$”与“mg/m^3”（两者所采用的监测方法相同）；③不同标准对于同一指标的监测方法不同，造成数值与单位的不同，如空气氟化物的单位“$\mu g/(dm^2 \cdot d)$”与“$\mu g/m^3$”，两者所采用的监测方法不同，分别为石灰滤纸采样氟离子选择电极法与滤膜采样氟离子选择电极法；④对同一类指标，不同标准选取的具体指标不同，有时还会造成歧义，如绿色食品与无公害食品空气标准中的“氮氧化物”与“二氧化氮”指标；⑤不同行业或不同级别标准间的衔接有待加强，如空气“氟化物”指标，无公害食品的标准比普通农产品还要宽松。建议制定一套统一的监测指标，以便使用与比较，促进我国农产品产地环境的各级、各类标准在标准化和统一性方面更加完善。

2. 关于有机产品的产地环境标准

有机产品的生产对环境和管理有比较严格的要求，全程不得投入任何化肥、化学农药、化学防腐剂等人工合成物质，可是有机农产品并未对产地环境提出更为严格的条件，而是采用针对普通农产品的国家标准，这也就意味着一般耕地均可生产有机产品，这主要是由于生产有机产品之前要求 2～3 年的转换期，过了转换期经过认证之后才能称为有机产品，有机产品的特点更多地体现在农作物生长的过程管理中。同时，有机生产的概念还包含了农业生产与自然、环境相和谐的含义，不仅一般耕地可转换为有机农产品产地，而且更有使质量差的耕地经过有机农业生产措施使之质量提高的意义。当然，从有机产品优势产地划分的现实角度出发，可以优先选择生态环境更好的地区，而把生态环境相对差的地区列为后备区域。

综上所述，无公害食品产地环境标准数量最多，涉及农作物门类齐全，标准级别系列完备，绿色食品标准较少，有机产品尚无专门针对产地环境的标准，而是采用普通农产品的标准；对产地环境要求严格程度比较而言，绿色食品最高，无公害食品次之，有机产品/普通农产品最低；3 种体系对土壤环境质量的要求差异最大，灌溉水质量次之，对空气质量的要求差异最小。建议加强不同农产品管理系列、不同级别标准间表达的统一性与衔接性，以促进我国农产品产地环境标准体系的完善。

参 考 文 献

蔡全英，莫测辉，李云辉，等. 2005. 广州，深圳地区蔬菜生产基地土壤中邻苯二甲酸酯（PAEs）研究. 生态学报，25（2）：283-288.

曹云者，柳晓娟，谢云峰，等. 2012. 我国主要地区表层土壤中多环芳烃组成及含量特征分析. 环境科学学报，32（1）：197-203.

陈培飞，张嘉琪，毕晓辉，等. 2013. 天津市环境空气 PM_{10} 和 $PM_{2.5}$ 中典型重金属污染特征与来源研究. 南开大学学报（自然科学版），45（6）：1-7.

邓刚，王刚，孙梦飞，等. 2016. 镉胁迫下不同水稻品种镉的累积与分布差异. 浙江农业科学，57（4）：468-471.

冯金飞. 2010. 高速公路沿线农田土壤和作物的重金属污染特征及规律. 南京：南京农业大学.

傅晓钦，翁燕波，钱飞中，等. 2008. 行驶机动车尾气排放 VOCs 成分谱及苯系物排放特征.环境科学学报，28（6）：1056-1062.

高芳，林英杰，张佳蕾，等. 2011. 镉胁迫对花生生理特性、产量和品质的影响. 作物学报，37（12）：2269-2276.

高拯民，吴维中，谢重阁，等. 1981. 致癌物苯并[a]芘对土壤—植物系统污染研究. 环境科学学报，1（1）：12-30.

龚宁. 2011. 表面活性剂对蔬菜生长及食用安全的影响研究. 咸阳：西北农林科技大学.

郭家文，崔雄维，张跃彬，等. 2010. 重金属铜在甘蔗体内的吸收及对甘蔗产量和品质的影响. 土壤，42(4)：606-610.

郭天财，夏来坤，朱云集，等. 2006. 铜、镉胁迫对冬小麦籽粒淀粉含量和糊化特性影响的初步研究. 麦类作物学报，26（3）：107-110.

黄辉，高峡，王娟，2011. 六价铬对玉米幼苗生长及抗氧化系统的影响. 农业环境科学学报，30（4）：633-638.

黄奎付，邱险辉. 2013. 重金属铅对农产品的污染与安全标准. 科协论坛（下半月），（4）：138-139.

黄士忠，陈国光，王德荣，等. 1994. 合成洗涤剂（LAS）对农作物影响的研究. 农业环境保护，（2）：58-62，97.

李本银，黄绍敏，张玉亭，等. 2010. 长期施用有机肥对土壤和糙米铜、锌、铁、锰和镉积累的影响. 植物营养与肥料学报，16（1）：129-135.

李春荣，王文科，曹玉清. 2007. 石油污染土壤对黄豆生长的影响. 安全与环境学报，7（4）：28-30.

李花粉，罗新湖，孟凡乔，等. 2008. 伊犁地区绿色和有机农产品产地环境监测与评价方法. 新疆农业科学，45（增刊 3）：77-82.

李晓亮，王常芸，段小娜，等. 2014. 北方主要蔬菜水果现行绿色食品标准中卫生（或安全）指标与食品安全国家标准的比较与分析. 农学学报，4（2）：91-98.

李玉浸. 2011. 农产品产地安全是农产品质量安全的基本保障. 农业工程，1（4）：33-37.

梁尧，李刚，仇建飞，等. 2013. 土壤重金属污染对农产品质量安全的影响及其防治措施. 农产品质量与安全，(3)：9-14.

林庆祺，蔡信德，王诗忠，等. 2013. 植物吸收、迁移和代谢有机污染物的机理及影响因素. 农业环境科学学报，32（4)：661-667.

刘尧，周启星，谢秀杰，等. 2010. 土壤甲苯、乙苯和二甲苯对蚯蚓及小麦的毒性效应. 中国环境科学，30（11)：1501-1507.

刘英对，王峰. 1999. 珠江三角洲主要城市郊区公路两侧土壤和蔬菜中铅含量初探. 仲恺农业技术学院学报，12(4)：53-56.

刘玉萃，李保华. 1997. 大气-土壤-小麦生态系统中铅的分布和迁移规律研究. 生态学报，17（4)：84-85，87-91.

鲁荔，杨金燕，田丽燕，等. 2014. 大邑铅锌矿区土壤和蔬菜重金属污染现状及评价. 生态与农村环境学报，30(3)：374-380.

鲁敏，景蓉蓉，赵洁，等. 2016. 苯污染胁迫下室内植物叶绿素含量变化分析研究. 山东建筑大学学报，31（1)：1-6.

米艳华. 2010. 青花菜对重金属铅、镉吸收与积累特性研究. 北京：中国农业科学院.

潘攀，杨俊诚，邓仕槐，等. 2011. 土壤-植物体系中农药和重金属污染研究现状及展望. 农业环境科学学报，30(12)：2389-2398.

孙洪欣，赵全利，薛培英，等. 2015. 不同夏玉米品种对镉、铅积累与转运的差异性田间研究. 生态环境学报，24（12)：2068-2074.

孙清，陆秀君，梁成华. 2002. 土壤的石油污染研究进展. 沈阳农业大学学报，33（5)：390-393.

孙雪萍，林琳，张雪萍. 2013. 不同浓度铅、锌对玉米生长的生态毒理学效应研究. 国土与自然资源研究，(1)：57-60.

谭冰，王铁宇，李奇锋，等. 2014. 农药企业场地土壤中苯系物污染风险及管理对策. 环境科学，35(6)：2272-2280.

田保华，张彦洁，张丽萍，等. 2016. 镉/铬胁迫对谷子幼苗生长和NADPH氧化酶及抗氧化酶体系的影响. 农业环境科学学报，35（2)：240-246.

佟俊婷. 2014. 内蒙古河套平原高砷水灌溉对土壤—作物系统中砷分布的影响及健康效应. 北京：中国地质大学.

王冰妍，蒲海平，薛亚楼. 2009. 粮食蔬菜与土壤和大气中苯并[a]芘含量的相关性研究. 环境保护与循环经济，(6)：34-36.

王付民，陈杖榴，孙永学，等. 2006. 有机胂饲料添加剂对猪场周围及农田环境污染的调查研究. 生态学报，26(1)：154-162.

王国庆，林玉锁. 2014. 土壤环境标准值及制订研究：服务于管理需求的土壤环境标准值框架体系. 生态与农村环境学报，30（5)：552-562.

王爽，李荣华，张增强，等. 2014. 陕西潼关农田土壤及农作物重金属污染及潜在风险. 中国环境科学，34（9)：2313-2320.

王学军，龙文静. 2014. 我国农产品产地环境安全法规和政策的现状与展望. 农业环境科学学报，33（4)：617-622.

魏秀国，王少毅. 2002. 城郊公路两侧土壤和蔬菜中铅含量及分布规律. 农业环境与发展，19（1)：39-40.

武琳霞，丁小霞，李培武，等. 2016. 我国油菜镉污染及菜籽油质量安全性评估. 农产品质量与安全，(1)：41-46.

肖亚涛，吴海卿，李中阳，等. 2015. 不同基因型冬小麦镉累积差异及其与根系形态的关系. 水土保持学报，29(6)：276-280，286.

徐玲玲，李巧玉，张红莲，等. 2016. 3种草本植物种子萌发及幼苗初期对镉胁迫的生理响应. 种子，35(3)：37-41.

徐友宁，张江华，刘瑞平，等. 2007. 金矿区农田土壤重金属污染的环境效应分析. 中国地质，34（4)：716-722.

许端平，王波. 2006. 土壤中石油烃类污染物对高粱玉米生长的影响研究. 矿业快报，(12)：28-30.

杨景辉. 1995. 土壤污染与防治. 北京：科学出版社.
杨柳，龙怀玉，刘鸣达，等. 2009. 我国种植业无公害农产品产地环境标准特征分析. 农业环境科学学报，28（6）：1325-1331.
杨肖娥，余剑东，倪吾钟，等. 2002. 农业环境质量与农产品安全. 中国农业科技导报，4（4）：3-9.
余露. 2009. 蔬菜农药药害类型及防治方法. 农药市场信息，（2）：45.
曾巧云，莫测辉，蔡全英，等. 2006. 萝卜对邻苯二甲酸酯（PAEs）吸收累积特征及途径的初步研究. 环境科学学报，26（1）：10-16.
张琼，万雷. 2012. 重金属镉对农产品的污染与安全标准. 现代农业，（6）：84-86.
张晓薇，刘博. 2010. 铬对农作物生长的影响. 环境科技，23（2）：48-51.
张云芳，陈楚，陈晨，等. 2016. 镉胁迫对青菜幼苗某些生理特性以及基因组多态性的影响. 农业环境科学学报，35（3）：432-439.
张枝焕，卢另，贺光秀，等. 2011. 北京地区表层土壤中多环芳烃的分布特征及污染源分析. 生态环境学报，20（4）：668-675.
郑宏艳，刘书田，米长虹，等. 2015a. 土壤-水稻籽粒系统镉富集主要影响因素统计分析. 农业环境科学学报，34（10）：1880-1888.
郑宏艳，姚秀荣，侯彦林，等. 2015b. 中国土壤模式-作物系统重金属生物富集模型建立. 农业环境科学学报，34（2）：257-265.
郑文娟，邓波儿. 1993. 铬和镉对作物品质的影响. 土壤，（6）：324-326.
朱雪梅，邵继荣，林立金，等. 2008. 锌铬复合污染对稻米品质的影响. 农业环境科学学报，27（6）：2297-2302.
Guo Y B，Feng H，Chen C，et al. 2013. Heavy metal concentrations in soil and agricultural products near an industrial district. Polish Journal of Environmental Studies，22（5）：1357-1362.
Luo L，Ma Y B，Zhang S Z，et al. 2009. An inventory of trace element inputs to agricultural soils in China. Journal of Environmental Management，90（8）：2524-2530.
Mata-Sandoval J C，Karns J，Torrents A. 2001. Influence of rhamnolipids and triton X-100 on the biodegradation of three pesticides in aqueous phase and soil slurries. Journal of Agricultural and Food Chemistry，49（7）：3296-3303.
McLaughlin M J，Parker D R，Clarke J M. 1999. Metals and micronutrients：Food safety issues. Field Crops Research，60（1）：143-163.
Xu S S，Liu W X，Tao S. 2006. Emission of polycyclic aromatic hydrocarbons in China. Environmental Science & Technology，40（3）：702-708.

第 2 章　有机产品产地环境适宜性评价技术

有机产品是一类安全、优质、健康的农产品，产地环境对农产品的质量具有基础性的影响。开展有机产品产地环境适宜性评价是选择和评估有机产品生产基地的重要工作之一，是有机产品质量安全的技术保障。本章阐述了有机产品产地环境适宜性评价技术，有助于对有机产品的产地环境开展前期适宜性评价和对产地环境进行分级分类，避免生产风险，确保有机产品质量，引导有机产品生产科学有序发展。针对有机产品标准和认证的环境要求，通过文献调研、资料收集与专家咨询，以土壤、水体和空气等自然环境因子为主要评价要素，构建适宜的评价程序、指标体系和评价方法，建立有机产品产地环境适宜性评价技术，为有机产品生产与认证的环境符合性判断提供技术支撑。

2.1　产地环境调查

2.1.1　调查的目的与原则

产地环境调查的目的是了解产地环境现状和产地周边及所在区域的总体环境质量，为环境监测合理选取监测指标与科学布点提供依据，为产地环境适宜性评价提供第一手资料和总体判断的依据，为评估报告的编写提供基础资料。根据有机产品产地环境条件的要求，从产地自然环境、社会经济及工农业生产对产地环境质量的影响入手，重点调查产地及周边环境质量现状、发展趋势及区域污染控制措施。

2.1.2　调查的方法

采用资料收集、现场调查及召开座谈会等结合的方法。

2.1.3　调查的内容

1. 自然环境

（1）自然地理。产地地理位置（经度、纬度）、产地面积、地形地貌、产地边界与最近污染源的距离，产地是否处于饮用水源集水区、是否处于生态红线范围、是否处于自然保护区范围。

（2）气候与气象。产地主要气候特征，如主导风向、年平均气温、年均降水量、日照时数等，以及旱、涝、台风、冰雹、暴雪等自然灾害。

（3）水文状况。产地江河湖泊、水库、池塘等地表水和地下水源特征及利用情况，灌溉用水质量现状。

（4）土壤状况。产地土壤基本理化性状，如土壤类型、土壤质地、pH、有机质、土壤肥力等。

（5）生物多样性。产地生物多样性的概况，植被覆盖率，主要树种，病虫害发生情况，尤其关注入侵物种、濒危物种和转基因作物种植状况。

2. 社会经济环境概况

产地所在区域的人口和经济状况，交通状况，主导产业，农田水利、农、林、牧、副、渔业发展情况，有机产品、绿色食品生产消费状况，有机产业发展政策，区域社会经济发展的相关规划，生态创建和生态文明发展状况，近年发生过的重大环境污染和农产品污染事件等。

2.1.4　现场调查

产地应选择在无污染、生态条件良好的地区，远离城区、工矿区、交通主干线、工业污染源、生活垃圾场等；产地应维持当地生态环境和周围水生、陆生生态系统平衡，保持所在区域的生物多样性；产地不应位于法律法规明令禁止的农业生产区域（详见附表1），应位于主要污染源的大气环境防护距离以外，该环境防护距离参考对应的环境影响评价报告所提出的大气环境防护距离。

1. 种植业

实地调查产地周围5km以内主要工矿企业污染源分布情况（包括企业名称、生产类型与规模、方位、工矿企业和调查产地的距离，大气环境保护距离）；生活垃圾填埋场、工业固体废弃物与危险废弃物堆放和填埋场、电厂灰场、尾矿库等情况；农业生产农药、化肥、有机肥、农膜等农用物资单位面积使用的种类、次数和数量。

野生产品采集地、食用菌栽培基地采用种植业产地环境的调查方法，蜜蜂主要是采集花粉产蜜，因此蜜蜂养殖基地也采用此调查方法。

1）土壤环境

调查土壤使用历史、重点关注近3年来的土壤使用情况，包括种植作物种类、种植历史、农用化学品投入情况等。

土壤环境污染风险调查包括污染源种类及分布、污染物种类及排放途径、自然污染源情况。

土壤生态环境状况调查包括水土流失、沼泽化、潜育化、盐渍化、酸化等。

土壤环境背景资料包括区域土壤元素背景值、农业土壤元素背景值等。

产地已进行土壤环境背景值调查或近 3 年来已进行土壤环境质量监测，且背景值或监测结果（提供监测单位资质）符合有机产品环境质量要求的产地可以免除土壤环境的监测。

2）水环境

对于以天然降雨为灌溉水的地区，产地可以免除灌溉水的监测。

灌溉水源调查包括灌溉水来源、水资源丰富程度（地面水源和地下水源）、水质稳定程度、利用措施和变化情况。

灌溉水污染调查包括灌溉水量，污染源种类、分布及影响。

3）空气环境

大气污染源调查，重点调查收集周边工矿企业分布、类型、大气污染物主要种类、排放方式。空气中不得有难闻的异味。

产地周围 5km，主导风向的上风向 20km 内没有工矿企业等污染源的区域可以免除环境空气质量调查与监测。

2. 畜禽养殖业

调查产地周围 1km 范围内的工矿企业污染源分布情况，养殖厂的分布是否符合动物防疫的要求。调查产地畜禽养殖过程中兽药、消毒剂等使用的种类、次数和数量，养殖用饲料情况。养殖用饲料作物种植的环境质量的调查与监测参照种植业进行。

1）土壤环境

不进行土壤肥力状况调查，但需要采集畜禽场、放牧区的土壤进行环境质量监测。

2）水环境

畜禽饮用水，调查来源、水质及污染情况。

畜禽养殖业生产用水，调查畜禽养殖过程中用于设备和场地的冲洗、圈舍取暖（降温）用水及畜禽清洁用水的来源与水质，调查畜禽粪便排放与处置情况、排放水质及污染情况。

3）空气环境

调查畜禽场、放牧区所在区域的环境空气质量；空气污染的种类、性质及排放方式等。

3. 水产养殖业

实地调查近海（滩涂）渔业养殖用水、淡水养殖用水来源、水质和养殖用饵料及药物情况。调查产地周围 1km 范围内的工矿企业污染源分布情况。

1）水环境

深海渔业养殖用水免除调查。

近海（滩涂）渔业养殖用水、淡水养殖用水，调查养殖区域周边环境排放的工业废水、生活污水和有害废弃物、污染物种类及排放途径和排放量，特别是含病原体的污水、废弃物等，水产养殖尾水的排放与处理情况等。

2）空气环境

可不进行环境空气调查与监测，但怀疑有污染时除外。

2.1.5　产地环境质量现状初步分析

调查结束后，根据调查情况对产地环境质量状况与风险进行初步分析，出具调查报告。调查报告主要包括：调查对象、调查单位和人员、调查时间和方法、产地基本情况，环境质量调查分析，在此基础上确定土壤、灌溉水和大气主要监测指标并优化布点监测方案，提出产地环境适宜性的初步判断，指出需要关注的问题和风险点。

2.2　环境质量监测指标的确定

参照国际经验，结合我国环境质量管理需求，根据污染因子的毒理学特征和生物吸收、富集能力，将有机产品产地土壤、灌溉水和空气质量监测指标分为必测指标和选测指标两类。根据调查结果，结合区域实际情况，监测指标除必测指标外，选取代表性选测指标。必测项目是指在全国范围内实施的污染物监测项目，选测项目是指具有区域或地区污染特征，应当在特定区域实施的污染物监测项目。

2.2.1　土壤

以保护生态系统、人体健康为目标而确定的土壤污染物临界含量是制定土壤环境质量标准的基础依据（王国庆和骆永明，2005）。土壤质量标准是各国环境土壤质量管理的重要手段之一，当前许多发达国家和地区均建立了基于风险评估的土壤环境基准和标准体系。美国国家环境保护局的土壤筛选值以人体健康风险和地下水保护为目标制定，标准控制的污染物包括农药等有机污染物和无机污染物

（砷、镉、铬、汞、铜、镍等），数量可多达几百种。欧盟各国标准中规定的重点物质包括重金属（镉、铬、铜、汞、铅、砷、镍、锌），多环芳烃（萘、蒽、苯并[a]芘等），芳香族碳氢化合物（苯、甲苯等），氯代脂肪族/芳香族碳氢化合物（氯苯、二氯甲烷、三氯乙烯），农药（莠去津、滴滴涕等），二噁英和多氯联苯，其制定考虑了人体健康风险和生态风险。日本确定了重金属、挥发性有机污染物及农药三大类标准控制指标，另对二噁英制定了标准（陈平等，2004）。

我国于 2005 年 4 月～2013 年 12 月，首次开展全国土壤污染状况调查（调查范围未含香港特别行政区、澳门特别行政区和台湾地区的陆地国土，调查点位覆盖全部耕地，部分林地、草地、未利用地和建设用地，实际调查面积约 630 万 km^2）。《全国土壤污染状况调查公报》显示，我国土壤总的点位超标率为 16.1%，其中轻微、轻度、中度和重度污染点位比例分别为 11.2%、2.3%、1.5%和 1.1%。污染类型以无机型为主，有机型次之，复合型污染比重较小，无机污染物超标点位数占全部超标点位的 82.8%。工矿业、农业等人为活动及土壤环境背景值高是造成土壤污染或超标的主要原因。从污染分布情况看，南方土壤污染重于北方；长江三角洲、珠江三角洲、东北老工业基地等部分区域土壤污染问题较为突出，西南、中南地区土壤重金属超标范围较大；镉、汞、砷、铅 4 种无机污染物含量分布呈现从西北到东南、从东北到西南方向逐渐升高的态势。

污染物超标情况主要表现为：无机污染物中镉、汞、砷、铜、铅、铬、锌、镍 8 种无机污染物点位超标率分别为 7.0%、1.6%、2.7%、2.1%、1.5%、1.1%、0.9%、4.8%。有机污染物中六六六、滴滴涕、多环芳烃 3 类有机污染物点位超标率分别为 0.5%、1.9%、1.4%。根据土地利用类型，耕地土壤点位超标率为 19.4%，其中轻微、轻度、中度和重度污染点位比例分别为 13.7%、2.8%、1.8%和 1.1%，主要污染物为镉、镍、铜、砷、汞、铅、滴滴涕和多环芳烃。林地土壤点位超标率为 10.0%，其中轻微、轻度、中度和重度污染点位比例分别为 5.9%、1.6%、1.2%和 1.3%，主要污染物为砷、镉、六六六和滴滴涕。草地土壤点位超标率为 10.4%，其中轻微、轻度、中度和重度污染点位比例分别为 7.6%、1.2%、0.9%和 0.7%，主要污染物为镍、镉和砷。未利用地土壤点位超标率为 11.4%，其中轻微、轻度、中度和重度污染点位比例分别为 8.4%、1.1%、0.9%和 1.0%，主要污染物为镍和镉。

上述结果显示，重金属类污染物在各地土壤中普遍检出，耕地土壤中的 6 种重金属点位超标率较高，是主要的污染物。《食品安全国家标准 食品中污染物限量》（GB 2762—2017）规定了农产品中镉、汞、砷、铅、镍、铬的含量限值。铜、锌是出于保护农作物生长的需要，而且在有机农业生产中有机肥是必不可少的，然而有些畜禽养殖场为了效益盲目大量添加铜、锌等饲料添加剂，导致有机肥中铜、锌含量的明显增加，长此以往，农田土壤中铜、锌等累积现象严重。有机产品产地环境适宜性评价的适用范围为耕地、牧场、野生产品采集地以及潜在可利用耕地，因此，选择 8 个重金属为必测项目。

六六六和滴滴涕在土壤中的残留已显著降低，基本不会威胁农产品质量安全。但是全国土壤污染状况调查结果表明，二者在部分地区土壤中仍有一定的检出，苯并[a]芘也是农用地土壤中的主要有机污染物之一，而且在《食品安全国家标准 食品中农药最大残留限量》（GB 2763—2016）和《食品安全国家标准 食品中污染物限量》（GB 2762—2017）中分别规定了农产品中六六六、滴滴涕和苯并[a]芘的限值。石油烃、邻苯二甲酸酯类总量等有机污染物在土壤污染调查中的检出率也较高。《重金属污染综合防治“十二五”规划》提出重点防控的重金属污染物是铅、汞、镉、铬、砷、镍、铜、锌、银、钒、锰、钴、铊、锑等重金属污染物。综合考虑污染物检出的区域特征和土壤污染物作用机理研究进展，同时借鉴国外相关标准和《全国土壤污染状况评价技术规定》，将六六六、滴滴涕、苯并[a]芘、锰、钴、硒、钒、锑、铊、钼、氟化物（水溶性氟）等作为选测指标，适用于某些特定地区土壤污染风险管控，根据实际情况监控其含量变化及风险。

2.2.2　灌溉水

有机产品标准要求，农田灌溉用水要符合农田灌溉水质标准，此标准将控制项目分为基本控制项目和选择控制项目。基本控制项目适用于以地表水、地下水和处理后的养殖业废水及以农产品为原料加工的工业废水为水源的农田灌溉用水；选择控制项目由县级以上人民政府环境保护和农业行政主管部门，根据本地区农业水源水质特点和环境、农产品管理的需要进行选择控制，所选择的控制项作为基本控制项目的补充指标。

我国灌溉水源主要来自江河引水或地下水抽水，然而，近年来由于水产养殖、工业排污、农业面源污染等因素，江、河、湖、库的水质污染问题较为突出，水质的污染对农业生产及发展产生诸多负面影响，并威胁人体健康（樊乃根，2014）。资料表明，目前全国污水灌溉污染耕地 3250 万亩[①]，多数集中在经济较发达地区（樊琦等，2014）。农田灌溉用水监测点的布设主要是从水污染对基地农作物的生长影响和危害的角度考虑，以《农用水源环境质量监测技术规范》（NY/T 396—2000）中的要求和国内外惯用的布点方法、采样方式、数量、频次和时间及国家标准分析方法为依据，结合农产品认证标准的要求，对农田灌溉用水直接或间接收到的污染因子进行监控。

① 1 亩≈666.7m^2。

英国农作物灌溉水质标准中规定了氯化物、钠、硼、钙、硝酸盐、铁、氟化物及砷、镉、铬、铅等重金属元素的含量限值（王云宝，2006）。德国农业灌溉水质标准中规定了镉、六价铬、铅、砷等 19 种化学元素，总盐量、氯化物、硫酸盐和磷酸盐等盐类，总大肠杆菌和粪大肠杆菌，pH 和悬浮物、电导率等标准限值，当物质含量超过限值时，将通过食物链对人和动物产生有害的影响（陈凤艳和李学宏，2010）。我国农田灌溉用水共有控制项目 27 项，在使用过程中监测量大，致使有些地方不能全面地对灌溉水质进行监测。为减少产地环境评价的工作量又能保证重要的控制项目得到全面监测，特根据各项目对农作物生长、农产品品质、环境质量、人体健康的影响，参考绿色食品、无公害食品和其他相关农产品标准对灌溉水的监测指标要求，将原有项目分为两大类：第一类是对农作物生长、土壤、地下水有显著影响，长期灌溉对农产品和环境有严重影响的项目，包括生化需氧量、pH、总汞、总镉、总砷、六价铬、总铅 7 项。有机产品产地环境评价中将这类项目列为必测项目。第二类是对环境、农作物生长和农产品品质有一定影响。一般来说，这类污染物在灌溉水中的含量较低，包括粪大肠菌群、蛔虫卵数、全盐量、氟化物、氯化物、氰化物、石油类、硼、总铜、总锌 10 项，列为选测项目。产地环境评价单位应根据灌溉水体来源和现场调查的判断，除必测项目外，选择相应的选测项目进行监测。

2.2.3 大气

环境空气质量标准是各国环境空气质量管理的重要手段之一，标准中污染物项目的选择取决于各国的环境空气质量管理体系。从各国发布的环境空气质量标准来看，普遍将 SO_2、NO_2、CO、O_3、PM_{10} 作为污染物项目，大部分发达国家和地区还将 $PM_{2.5}$ 作为污染物项目。欧盟还将苯和重金属镉、镍、砷等污染物纳入标准中（张凯等，2012）。

煤炭的利用和机动车量的持续增加导致煤炭型污染和机动车尾气污染的特征污染物 SO_2、NO_2、CO、PM_{10} 与光化学反应产生的二次污染物 O_3 成为我国空气质量污染的主要污染物，而且是国际上普遍控制的污染物项目；$PM_{2.5}$ 也已成为国际上普遍控制的污染物项目，我国京津冀、长江和珠江三角洲等地区 $PM_{2.5}$ 污染问题较为严重（胡颉，2013），为满足环境空气质量管理需求，加强开展 $PM_{2.5}$ 环境空气质量评价与管理工作，将 $PM_{2.5}$ 列为必测项目。

由于我国自然地理环境的差异和经济发展的不平衡，全国空气污染特征存在较大的地区差异，因此，重金属、氟化物等污染物项目可根据该地区的污染特征、污染物来源等进行选择性测定。

有机产品产地环境适宜性评价中土壤、水体和大气环境质量的选测指标、必测指标及相应的指标限值，详见附录 RB/T 165.1—2018、RB/T 165.2—2018 和 RB/T 165.3—2018。

2.3　监测与分析方法

2.3.1　监测原则

监测样点选取遵循代表性、准确性、合理性和科学性的原则，能够用最少点数代表整个产地环境质量。

优先选择代表性强，可能已造成污染的区域或水源。

2.3.2　土壤监测

1. *布点方法*

种植基地的布点方法可采用网格法、梅花布点法、随机布点法、放射法和蛇形布点等方法。

（1）在环境因素分布比较均匀的产地采取网格法或梅花布点法布点。

（2）在环境因素分布比较复杂的产地采取随机布点法布点。

（3）在可能受污染的产地采取放射法布点。

2. *布点数量*

（1）种植面积在 60hm^2 以下、地势平坦、土壤结构相同的地块，设 2～3 个采样点。

（2）种植面积在 60～150hm^2、地势平坦、土壤结构有一定差异的地块，设 3～4 个采样点。

（3）种植面积在 150hm^2 以上，地形变化大的地块，设 4～5 个采样点。对于土壤本底元素含量较高、土壤差异较大、特殊地质的区域，应酌情增加布点。

（4）野生产品采集地，面积在 1000hm^2 以内的产区，一般均匀布设 3 个采样点，大于 1000hm^2 的产地，根据增加的面积，适当增加采样点数。

（5）近海、滩涂、养殖区，底泥布设与水质采样点相同。

（6）深海和网箱养殖区，免测海底泥。

3. *采样和分析方法*

（1）土壤样品原则上安排在申请认证作物生长期内采集，第一年度采集一次，后续根据需要进行采样，但至少每 3 年要采集监测一次。

（2）多年生植物（如果树、茶叶），土壤采样深度为0～40cm；一年生植物，食用菌栽培，采样深度为0～20cm。一般每个样点采集500g的混合土壤样。

（3）底质应在首次申报有机水产品认证的养殖期内采样一次，采样点不少于3个。

（4）种植其他采样要求和分析方法应符合《农田土壤环境质量监测技术规范》（NY/T 395—2012）的要求；畜禽和水产养殖的其他采样要求和分析方法应符合《土壤环境监测技术规范》（HJ/T 166—2004）中的规定。

2.3.3 水质监测

1. 布点数量

（1）灌溉水监测布点：灌溉水进入产地的最近入口处采样，多个来源的，则每个来源的灌溉水都需采样。

（2）引用地下水进行灌溉的，在地下水取井处设置采样点。

（3）畜禽养殖用水，属圈养并相对集中的，每个水源（系）布设1个采样点；反之，适当增加点数。

（4）水产养殖，水质相对稳定的同一水源（系），采样点布设2～3个，若不同水源（系）则依次叠加；深海养殖用水不必监测。

2. 采样和分析方法

（1）种植业用水，在农作物生长的主要灌溉期采样1次；灌溉水质采样和分析方法应符合《农用水源环境质量监测技术规范》（NY/T 396—2002）的要求。

（2）渔业用水在水产品养殖期采样，一个认证年度采集1次；其他采样要求和分析方法应符合《地表水和污水监测技术规范》（HJ/T 91—2002）的规定。

（3）畜禽饮用水来源为自来水时，采样与分析方法按照《生活饮用水标准检验方法》（GB/T 5750—2006）规定进行；其他采样要求应符合《地表水和污水监测技术规范》（HJ/T 91—2002）和《地下水环境监测技术规范》（HJ/T 164—2004）规定，分析方法按照《地下水环境监测技术规范》（HJ/T 164—2004）规定进行。

2.3.4 空气监测

1. 布点数量

依据产地环境现状分析结论，确定是否进行环境空气质量监测。进行产地环境空气质量监测的地区，可根据当地作物生长期内的主导风向，重点监测可能对产地环境造成污染的污染源的下风向。

（1）种植基地面积在60hm^{2}以下且布局相对集中的情况，可在种植基地内设1～2个监测点。

（2）种植基地面积在60～150hm^{2}且布局相对集中的情况，可在种植基地区域内设2～3个监测点。

（3）野生采集区域面积在1000hm^{2}以下且布局相对集中的情况下，可在采集区域内设1～2个监测点，超过1000hm^2，可在采集区域内设2～3个监测点。

（4）种植和野生采集基地相对分散的情况，可根据需要适当增加监测点。

2. 采样和分析方法

（1）采样时间应选择在申报有机认证植物的生长期内进行，一个认证年度采集一次；其他采样要求和分析方法应符合《农区环境空气质量监测技术规范》（NY/T 397—2002）的规定。

（2）畜禽和水产养殖环境空气监测项目的采样点、采样环境、采样高度及采样频率和分析方法应按照《环境空气气态污染物（SO_2、N_2O、O_3、CO）连续自动监测系统安装验收技术规范》（HJ 193—2013）、《环境空气质量手工监测技术规范》（HJ 194—2017）中的规定进行。

2.4　环境适宜性评价方法

2.4.1　各类参数计算

采用单项污染指数和综合污染指数法进行评价。

单项污染指数（P_i）评价按照式（2-1）计算：

$$P_i = C_i / S_i \tag{2-1}$$

式中，P_i为污染物i的污染指数；C_i为污染物i的实测值；S_i为污染物i的环境标准。

综合污染指数（P）按照式（2-2）计算：

$$P = \sqrt{\frac{(C_i / S_i)_{\max}^2 + (C_i / S_i)_{\text{ave}}^2}{2}} \tag{2-2}$$

式中，P为综合污染指数；$(C_i/S_i)_{\max}$为污染物中污染指数的最大值；$(C_i/S_i)_{\text{ave}}$为污染物中污染指数的平均值。

2.4.2　适宜性评定

（1）依据环境质量监测结果，按表2-1进行适宜性评价。评价时首先采用单项污染指数法，如果单项污染指数均小于或等于1，则采用综合污染指数法进行评价。

（2）若有机产地环境的土壤、水质、空气质量评价均达到“适宜”等级，则将产地环境适宜性判定为适宜；若产地环境的土壤、水质、空气质量中有一项没有达到“适宜”等级，但均没有达到“不适宜”等级，则判定为尚适宜；若产地环境的土壤、水质、空气质量评价中有一项判定为“不适宜”，则判定为不适宜。对于多个采样监测点，产地环境质量等级以最低的监测点等级判定。

（3）产地处于污染源的卫生防护距离之内、在国家法律法规禁止农业生产的区域内，被判定为产地环境质量不适宜。

表 2-1　有机产品产地环境质量分级划定

环境质量等级	土壤各单项或综合污染指数	水质各单项或综合污染指数	空气各单项或综合污染指数	等级名称
1	＜0.7	＜0.5	＜0.6	适宜
2	0.7～1.0	0.5～1.0	0.6～1.0	尚适宜
3	＞1.0	＞1.0	＞1.0	不适宜

2.5　有机产品产地环境适宜性评价技术应用案例

2.5.1　土壤环境质量适宜性评价

对全国 39 个作物生产基地土壤样本进行检测，检测结果如表 2-2 所示。经过分析，根据上述评价方法，39 个基地中 18 个基地土壤环境质量为适宜，占总数的 46%，3 个尚适宜，占 8%，18 个不适宜，占 46%，具体结果如表 2-3 所示。

表 2-2　土壤污染元素检测结果

序号	pH	Cu/(mg/kg)	Pb/(mg/kg)	As/(mg/kg)	Cr/(mg/kg)	Cd/(mg/kg)	Zn/(mg/kg)	Ni/(mg/kg)	Hg/(mg/kg)
1	4.20	9.65	152.00	19.60	9.93	0.09	113.00	2.50	0.10
2	4.28	8.49	144.00	6.79	24.50	0.13	77.50	3.65	0.14
3	4.62	13.30	39.80	13.30	30.30	0.13	75.90	3.89	0.13
4	6.87	20.39	24.81	4.57	58.57	0.14	58.29	—	ND
5	7.22	20.25	24.09	4.50	58.69	0.13	59.38	—	ND
6	8.13	23.58	27.83	5.89	82.35	0.18	81.93	—	ND
7	7.87	21.75	26.24	5.68	79.44	0.16	71.08	—	ND
8	8.01	21.11	24.61	4.86	108.10	0.15	68.18	—	ND
9	8.36	21.52	24.76	4.65	99.79	0.14	69.58	—	ND
10	6.40	46.81	33.24	7.55	36.93	0.28	107.88	—	0.16
11	5.28	28.16	32.79	9.85	38.33	0.31	83.38	—	0.18
12	6.86	56.36	37.14	8.65	39.08	0.55	119.38	—	0.13

续表

序号	pH	Cu/(mg/kg)	Pb/(mg/kg)	As/(mg/kg)	Cr/(mg/kg)	Cd/(mg/kg)	Zn/(mg/kg)	Ni/(mg/kg)	Hg/(mg/kg)
13	5.40	30.06	35.09	8.15	41.03	0.39	89.88	—	0.10
14	6.79	55.47	15.85	7.11	39.62	0.49	126.78	31.70	0.32
15	7.10	31.82	15.91	7.84	23.87	0.48	103.42	23.87	0.13
16	7.60	20.32	10.38	4.98	20.63	0.09	112.54	30.95	0.04
17	5.11	20.80	20.68	8.02	31.20	0.03	114.40	31.20	0.07
18	7.72	39.84	15.94	8.60	31.87	0.29	127.49	39.84	0.13
19	7.28	24.04	32.05	6.73	32.05	0.20	112.18	32.05	0.09
20	6.22	20.68	20.87	10.30	20.68	0.31	144.79	20.68	0.07
21	5.09	20.70	10.35	8.99	20.70	0.18	167.71	20.70	0.05
22	7.38	30.20	34.00	16.50	95.90	0.18	75.70	62.20	0.48
23	8.32	10.40	17.60	9.22	26.20	0.06	0.25	13.00	0.06
24	8.35	3.13	4.27	5.95	6.63	0.03	0.25	4.14	1.25
25	8.48	6.53	10.50	7.66	18.60	0.05	0.25	8.32	0.04
26	8.24	12.00	13.90	7.07	28.80	0.05	0.25	12.90	0.06
27	8.49	6.68	72.20	13.70	14.70	0.05	0.25	8.14	0.06
28	8.39	25.00	26.30	15.70	64.90	0.38	26.90	31.90	0.07
29	7.45	5.79	12.10	2.48	16.60	0.02	21.60	—	0.73
30	7.21	76.10	45.70	31.90	141.00	0.17	139.00	86.80	0.04
31	7.12	198.00	38.20	29.50	273.00	0.30	305.00	148.00	0.04
32	5.89	144.00	38.50	5.40	106.00	0.52	87.90	44.50	0.15
33	5.33	101.00	37.20	13.40	91.20	0.23	65.40	38.30	0.12
34	5.67	104.00	41.10	13.30	83.90	0.46	88.60	36.50	0.14
35	5.79	240.00	22.80	3.70	74.10	0.34	149.00	55.30	0.12
36	5.63	235.00	24.00	9.00	63.10	0.37	138.00	55.00	0.11
37	5.87	235.00	23.10	13.70	63.20	0.36	132.00	54.60	0.11
38	5.45	246.00	22.80	7.10	68.10	0.34	160.00	56.50	0.10
39	5.57	241.00	21.50	8.20	61.80	0.32	137.00	55.80	0.09

注：ND 表示未检出；“—”表示未检测此项目。

表 2-3　土壤单项和综合污染指数评价结果

序号	P_{Cu}	P_{Pb}	P_{As}	P_{Cr}	P_{Cd}	P_{Zn}	P_{Ni}	P_{Hg}	P
1	0.06	1.9	0.49	0.07	0.3	0.57	0.06	0.33	1.38
2	0.17	1.8	0.23	0.1	0.43	0.39	0.09	0.47	1.31
3	0.27	0.5	0.44	0.12	0.43	0.38	0.1	0.43	0.42
4	0.20	0.16	0.18	0.29	0.28	0.23	—	—	0.26
5	0.20	0.15	0.18	0.29	0.26	0.24	—	—	0.26

续表

序号	P_{Cu}	P_{Pb}	P_{As}	P_{Cr}	P_{Cd}	P_{Zn}	P_{Ni}	P_{Hg}	P
6	0.24	0.14	0.29	0.33	0.30	0.27	—	—	0.30
7	0.22	0.13	0.28	0.32	0.27	0.24	—	—	0.27
8	0.21	0.12	0.24	0.43	0.25	0.23	—	—	0.35
9	0.22	0.12	0.23	0.40	0.23	0.23	—	—	0.33
10	0.94	0.28	0.25	0.15	0.70	0.54	—	0.53	0.75
11	0.56	0.41	0.33	0.15	1.03	0.42	—	0.60	0.81
12	0.56	0.23	0.35	0.13	1.10	0.48	—	0.26	0.84
13	0.60	0.44	0.20	0.27	1.30	0.45	—	0.33	0.99
14	0.55	0.10	0.28	0.2	0.98	0.51	0.63	0.64	0.77
15	0.32	0.10	0.31	0.12	0.96	0.41	0.48	0.26	0.73
16	0.20	0.05	0.25	0.08	0.15	0.38	0.52	0.04	0.40
17	0.42	0.26	0.27	0.21	0.10	0.57	0.78	0.23	0.61
18	0.40	0.08	0.43	0.09	0.48	0.42	0.66	0.13	0.52
19	0.24	0.2	0.27	0.16	0.40	0.45	0.64	0.18	0.51
20	0.41	0.17	0.34	0.14	0.78	0.72	0.52	0.23	0.62
21	0.41	0.13	0.30	0.14	0.60	0.84	0.52	0.17	0.65
22	0.30	0.28	0.55	0.48	0.45	0.30	1.24	0.96	0.97
23	0.10	0.09	0.46	0.10	0.10	0	0.22	0.06	0.34
24	0.03	0.02	0.30	0.03	0.05	0	0.07	1.25	0.9
25	0.07	0.05	0.38	0.07	0.08	0	0.14	0.04	0.28
26	0.12	0.07	0.35	0.12	0.08	0	0.22	0.06	0.26
27	0.07	0.36	0.69	0.59	0.08	0	0.14	0.06	0.52
28	0.25	0.13	0.79	0.26	0.63	0.09	0.53	0.07	0.61
29	0.58	0.08	0.10	0.08	0.04	0.09	—	1.46	1.06
30	0.76	0.29	1.28	0.71	0.34	0.56	1.74	0.08	1.33
31	1.98	0.24	1.18	1.37	0.60	1.22	2.96	0.08	2.26
32	2.88	0.32	0.18	0.71	1.30	0.44	1.11	0.50	2.14
33	2.02	0.47	0.45	0.61	0.77	0.33	0.96	0.40	1.52
34	2.08	0.34	0.44	0.56	1.15	0.44	0.91	0.47	1.58
35	4.80	0.19	0.12	0.49	0.85	0.75	1.38	0.40	3.49
36	4.70	0.20	0.30	0.42	0.93	0.69	1.38	0.37	3.42
37	4.70	0.19	0.46	0.42	0.90	0.66	1.37	0.37	3.42
38	4.92	0.29	0.24	0.45	1.13	0.80	1.41	0.33	3.58
39	4.82	0.18	0.27	0.41	0.80	0.69	1.40	0.30	3.50

注：P_{Cu}等为单项污染指数；P为综合污染指数；“—”表示未检测此项目。

2.5.2　蔬菜产地环境质量评价

近年来，我国有机种植业呈现出强烈的增长势头，仅 2014 年就新增有机蔬菜面积 2.9 万 hm^2，认证产量 34.8 万 t（国家认证认可监督管理委员会，2014）。有机产品产地环境适宜性评价关键技术研究课题（2014BAK19B01）制订了《有机产品产地环境适宜性评价技术规范　第 1 部分：植物类产品》（RB/T 165.1—2018），为了对此规范进行实证应用，课题组对山东潍坊市蔬菜生产基地进行了实地采样验证。

潍坊市位于山东半岛中部，地跨北纬 35°32′～37°26′，东经 118°10′～120°01′。年平均气温 12.3℃，年平均降水量在 650mm 左右。截至 2016 年，辖 4 区 6 市 2 县，全市土地面积 16140km^2，现有耕地面积 67.78 万 hm^2。潍坊市是我国主要的蔬菜生产基地，播种面积超过 20 万 hm^2，产量超过 1300 万 t。

1. 产地环境质量监测

1）监测布点的方法

按照《有机产品产地环境适宜性评价技术规范　第 1 部分：植物类产品》（RB/T 165.1—2018）中的详细规定进行布点。

2）采样方法

按照 RB/T 165.1—2018 中的详细规定进行采样。

为了避免偶然性，每个地块用土钻、按照 S 形方法，5 点取样，形成一个混合土样，土壤样品均采自耕作层 0～20cm。

3）样品处理方法

土壤样品采集后带回实验室，自然风干，剔除杂质，磨碎过筛，保存待用。

4）分析项目与方法

样品的分析项目按照 RB/T 165.1—2018 的规定，方法参照 GB 15618—2018 规定进行。

2. 评价方法

实证评价采用 3 种评价方法，即单项污染指数评价方法、潜在生态风险指数（potential ecological risk index）评价方法、地积累指数（geoaccumulation index）评价方法。虽然 RB/T 165.1—2018 中仅采用单因子和综合指数法，但为了比较各个方法评价结果的差异，故采用 3 种评价方法。

1）潜在生态风险指数评价方法

潜在生态风险指数评价方法由瑞士科学家 HÅKANSON 提出，用来定量评价沉积物中各种重金属的潜在生态危害，其计算模型见式（2-3）～式（2-5）。其规定了潜在生态风险指数的分级标准（表 2-4），这种方法也被用来评价土壤中重金属潜在生态风险。

$$C_f^i = C_s^i / C_n^i \tag{2-3}$$

$$E_r^i = T_r^i \times C_f^i \tag{2-4}$$

$$\mathrm{RI} = \sum_{i=1}^{n} E_r^i \tag{2-5}$$

式中，RI 为潜在生态风险指数；E_r^i 为元素 i 的潜在生态风险指数；T_r^i 为元素 i 的毒性系数，它反映重金属元素的毒性水平和环境对重金属污染的敏感程度；C_f^i 为重金属元素 i 的污染系数；C_s^i 为重金属元素 i 的实测值；C_n^i 元素为 i 的土壤环境背景值，采用《中国土壤元素背景值》中的山东省算术平均值。

表 2-4　潜在生态风险指数分级标准

E_r^i	RI	生态风险等级
$E_r^i \leqslant 40$	RI≤150	轻微
$40 < E_r^i \leqslant 80$	150<RI≤300	中等
$80 < E_r^i \leqslant 160$	300<RI≤600	强烈
$160 < E_r^i \leqslant 320$	RI>600	很强
$E_r^i > 320$		极强

2）地积累指数评价方法

采用 Muller 于 1969 年提出的地积累指数定量评价土壤重金属污染程度，地积累指数首先用于定量评价沉积物中的重金属污染程度，其计算模型见式（2-6）；并规定了 Muller 地积累指数分级标准（表 2-5），这种方法也被用来评价土壤中重金属的污染程度及其分级情况。

$$I_{\mathrm{geo}} = \log_2[C_s^i / (k \times C_n^i)] \tag{2-6}$$

式中，I_{geo} 为地积累指数；k 为转换系数（为消除各地岩石差异可能引起背景值的变动），本书取 1.5。

表 2-5　Muller 地积累指数分级标准

I_{geo}	地积累指数分级	I_{geo}	地积累指数分级
$I_{geo} \leqslant 0$	无污染	$3 < I_{geo} \leqslant 4$	强污染
$0 < I_{geo} \leqslant 1$	轻度—中等污染	$4 < I_{geo} \leqslant 5$	强—极严重污染
$1 < I_{geo} \leqslant 2$	中等污染	$5 < I_{geo} \leqslant 10$	极严重污染
$2 < I_{geo} \leqslant 3$	中等—强污染		

3. 结果分析

1）土壤重金属元素含量的统计特征分析

潍坊市菜地 8 种重金属元素的统计结果见表 2-6，可知，所有采样点中，除 As、Pb 的平均值小于山东土壤环境背景值外，Cr、Ni、Cu、Zn、Cd、Hg 6 种重金属元素的测定平均值分别为 73.52mg/kg、29.82mg/kg、30.53mg/kg、102.80mg/kg、0.27mg/kg 和 0.04mg/kg，均超过了背景值，分别是背景值的 1.11 倍、1.16 倍、1.27 倍、1.62 倍、3.21 倍和 2.11 倍，表明研究区域菜地土壤这 6 种元素存在较为明显的积累现象。菜地土壤细分为露地菜地土壤和保护地菜地土壤时，保护地菜地土壤中的 As 平均值低于背景值，Pb 测定平均值和背景值略相等，Cr、Ni、Cu、Zn、Cd、Hg 6 种重金属元素的平均值分别是背景值的 1.16 倍、1.20 倍、1.49 倍、1.91 倍、3.93 倍和 2.11 倍；露地菜地土壤中，Cu、As、Pb 的测定平均值低于背景值，Cr、Ni、Zn、Cd、Hg 5 种重金属元素的平均值分别是背景值的 1.01 倍、1.07 倍、1.01 倍、1.55 倍和 2.11 倍；8 种重金属元素中，除保护地菜地土壤 Hg 的平均值、最大值与露地菜地土壤的平均值、最大值分别相等外，其他 7 种元素的平均值、最大值均是保护地菜地土壤高于露地菜地土壤。根据 Wilding 对变异程度的分类，研究区域所有采样点的 Cr、As、Hg、Pb 变异系数分别为 28.59%、17.77%、30.95%和 26.14%，属于中等变异（15%＜CV＜36%），而 Ni、Cu、Zn、Cd 属于高度变异（CV＞36%），其中 Cd 的变异系数远超过其他金属元素，其极值比达 300 倍以上，说明此种元素分布较不均匀。至于露地菜地土壤，Ni 变异系数为 37.64%，属于高度变异外，Cr、Cu、Zn、As、Hg、Cd 6 种元素均属于中等变异；保护地菜地土壤，Cr、As、Hg、Pb、Ni 变异系数分别为 27.40%、17.83%、30.01%、29.03%和 35.64%，属于中等变异，而 Cu、Zn、Cd 属于高度变异。综合可推断出调查区域菜地土壤 Cr、Ni、Zn、Cd、Hg 存在较为明显的积累现象，而且保护地菜地土壤积累强度要高于露地菜地土壤。

表 2-6　菜地土壤重金属元素统计

元素	土壤	背景值/(mg/kg)	平均值/(mg/kg)	最大值/(mg/kg)	最小值/(mg/kg)	标准差/(mg/kg)	变异系数/%
Cr	菜地	66	73.52	125.70	35.73	21.02	28.59
	露地菜地		66.84	106.08	36.67	20.13	30.11
	保护地菜地		76.65	125.70	35.73	21.00	27.40
Ni	菜地	25.8	29.82	61.78	11.11	10.81	36.26
	露地菜地		27.52	51.94	11.77	10.36	37.64
	保护地菜地		30.90	61.78	11.11	11.01	35.64
Cu	菜地	24	30.53	179.78	12.83	25.99	85.12
	露地菜地		19.55	30.44	12.83	4.73	24.20
	保护地菜地		35.67	179.78	14.53	30.10	84.39
Zn	菜地	63.5	102.80	348.46	43.72	60.63	58.98
	露地菜地		63.86	98.26	43.72	16.38	25.65
	保护地菜地		121.05	348.46	45.16	65.23	53.89
As	菜地	9.3	8.87	13.15	6.11	1.58	17.77
	露地菜地		8.50	11.26	6.63	1.48	17.39
	保护地菜地		9.05	13.15	6.11	1.61	17.83
Cd	菜地	0.084	0.27	2.20	0.07	0.36	135.32
	露地菜地		0.13	0.21	0.07	0.04	33.52
	保护地菜地		0.33	2.20	0.07	0.43	127.28
Hg	菜地	0.019	0.04	0.07	0.01	0.01	30.95
	露地菜地		0.04	0.07	0.01	0.01	33.99
	保护地菜地		0.04	0.07	0.02	0.01	30.01
Pb	菜地	25.8	24.92	59.97	17.97	6.51	26.14
	露地菜地		23.07	28.34	17.97	3.17	13.73
	保护地菜地		25.78	59.97	18.64	7.48	29.03

2）单因子指数法评价分析

调查区域土壤中 8 种重金属元素的单项污染指数见表 2-7。从表中可以看出，调查区域各种重金属元素 P_i 平均值均小于 1（达标），整体上处于无污染状态。保护地菜地土壤 Cd 的 P_i 平均值大于 1（超标），处于轻微污染状态，其他 7 种元素都处于无污染状态；露地菜地土壤各种重金属元素 P_i 平均值均小于 1，处于无污染状态；保护地菜地土壤的 P_i 平均值均大于相应的露地菜地土壤，这意味着保护地菜地土壤的污染程度要高于露地菜地土壤。

表 2-7　土壤重金属元素单项污染指数

土壤	P_{Cr}	P_{Ni}	P_{Cu}	P_{Zn}	P_{As}	P_{Cd}	P_{Hg}	P_{Pb}
菜地	0.37	0.60	0.31	0.41	0.29	0.89	0.08	0.08
露地菜地	0.34	0.56	0.21	0.28	0.28	0.50	0.08	0.08
保护地菜地	0.38	0.62	0.36	0.47	0.30	1.13	0.08	0.08

3）潜在生态风险指数评价结果

潜在生态风险指数评价是评价土壤重金属污染常用方法之一，体现了多因子评价、生物毒性水平及指标灵敏度等要求，且顾及了背景值的地域性差异。本书所用的毒性系数（T_r^i）采用 HÅKANSON 提出的 Cr、Cu、Zn、As、Cd、Hg、Pb 7 种元素参考值，Ni 的毒性系数参考赵小健（2013）的研究结果；采用《中国土壤元素背景值》中行政区域山东部分的算术平均值作为环境背景值（表 2-8）。

表 2-8　不同重金属元素的 C_n^i 和 T_r^i 参考值

元素	Cr	Ni	Cu	Zn	As	Cd	Hg	Pb
C_n^i /(mg/kg)	66.000	25.800	24.000	63.500	9.300	0.084	0.019	25.800
T_r^i	2.0	5.0	5.0	1.0	10.0	30.0	40.0	5.0

调查区域菜地土壤中 8 种重金属元素的潜在生态风险指数见表 2-9。从表中可以看出，基于潜在生态风险指数评价时，调查区域的 Cd、Hg 处于强烈生态风险等级，其他 6 种元素都处于轻微生态风险等级；露地菜地土壤中也只有 Cd、Hg 处于中等生态风险等级，其他 6 种元素都处于轻微生态风险等级；保护地菜地土壤中也是 Cd、Hg 处于强烈生态风险等级，其他 6 种元素都处于轻微生态风险等级；另外，Cd 和 Hg 虽然同时处于强烈生态风险等级，但所有采样样本及保护地菜地土壤的 Cd 的潜在生态风险指数平均值均大于 Hg，意味着 Cd 的生态风险要大于 Hg，8 种元素的 E_r^i 大小顺序依次为 Cd＞Hg＞As＞Cu＞Ni＞Pb＞Cr＞Zn。从表 2-9 中还可以看出，保护地菜地土壤与露地菜地土壤比较，其 E_r^i 值较大，这意味着保护地菜地土壤 8 种元素生态风险要大一些。Cr、Ni、Cu、Zn、As、Pb 6 种土壤重金属元素处于轻微生态风险等级，RI 处于中等生态风险等级。

表 2-9　8 种土壤重金属元素 E_r^i 、RI

土壤	E_r^i								RI
	Cr	Ni	Cu	Zn	As	Cd	Hg	Pb	
菜地	2.2	5.8	6.4	1.6	9.5	95.8	80.6	4.8	206.8
露地菜地	2.0	5.3	4.1	1.0	9.1	45.7	79.4	4.5	151.2
保护地菜地	2.3	6.0	7.4	1.9	9.7	119.3	81.1	5.0	232.8

从 8 种重金属元素的 E_r^i 分级频率分布情况来看（表 2-10），Hg 元素中等生态风险及以上的频率最大，达到 97.8%，轻微生态风险频率仅为 2.2%；其次是 Cd 元素，中等生态风险及以上频率达到 80.8%，且还出现了 6.4%的极强生态风险等级和 8.5%的很强生态风险等级；其余 6 种重金属元素都处于轻微生态风险等级。Hg 元素轻微生态风险的样本为露地菜地，所有保护地菜地中的 Hg 均为中等生态风险（46.9%）或者强烈生态风险（53.1%）。

表 2-10　土壤重金属元素 E_r^i 分级频率分布情况　　（单位：%）

元素	土壤	$E_r^i \leqslant 40$	$40 < E_r^i \leqslant 80$	$80 < E_r^i \leqslant 160$	$160 < E_r^i \leqslant 320$	$E_r^i > 320$
Cr	菜地	100.0	0.0	0.0	0.0	0.0
	露地菜地	100.0	0.0	0.0	0.0	0.0
	保护地菜地	100.0	0.0	0.0	0.0	0.0
Ni	菜地	100.0	0.0	0.0	0.0	0.0
	露地菜地	100.0	0.0	0.0	0.0	0.0
	保护地菜地	100.0	0.0	0.0	0.0	0.0
Cu	菜地	100.0	0.0	0.0	0.0	0.0
	露地菜地	100.0	0.0	0.0	0.0	0.0
	保护地菜地	100.0	0.0	0.0	0.0	0.0
Zn	菜地	100.0	0.0	0.0	0.0	0.0
	露地菜地	100.0	0.0	0.0	0.0	0.0
	保护地菜地	100.0	0.0	0.0	0.0	0.0
As	菜地	100.0	0.0	0.0	0.0	0.0
	露地菜地	100.0	0.0	0.0	0.0	0.0
	保护地菜地	100.0	0.0	0.0	0.0	0.0
Cd	菜地	19.2	55.3	10.6	8.5	6.4
	露地菜地	40.0	60.0	0.0	0.0	0.0
	保护地菜地	9.4	53.1	15.6	12.5	9.4
Hg	菜地	2.2	48.9	48.9	0.0	0.0
	露地菜地	6.7	53.3	40.0	0.0	0.0
	保护地菜地	0.0	46.9	53.1	0.0	0.0
Pb	菜地	100.0	0.0	0.0	0.0	0.0
	露地菜地	100.0	0.0	0.0	0.0	0.0
	保护地菜地	100.0	0.0	0.0	0.0	0.0

4）地积累指数评价结果

地积累指数常用于评价沉积物中重金属的污染状况，调查区域土壤中 8 种重金属元素的地积累指数见表 2-11。从表可以看出，总体上调查区域的 Cd、Hg 处于轻度—中等污染状态，其他 6 种元素几乎都没有造成污染，其中露地菜地土壤中只有 Cd、Hg 处于轻度—中等污染状态；而保护地菜地土壤中 Cd、Hg 和 Zn 处于轻度—中等污染状态。从表中还可以看出，保护地菜地土壤与露地菜地土壤比较，其 I_{geo} 值较大，表明保护地土壤重金属元素污染较严重。

表 2-11　土壤重金属元素 I_{geo}

土壤	Cr	Ni	Cu	Zn	As	Cd	Hg	Pb
菜地	−0.492	−0.473	−0.468	−0.079	−0.675	0.532	0.351	−0.670
露地菜地	−0.609	−0.573	−0.853	−0.541	−0.726	0.035	0.314	−0.747
保护地菜地	−0.434	−0.424	−0.259	0.139	−0.648	0.820	0.357	−0.646

从 8 种元素的 I_{geo} 分级频率分布情况来看（表 2-12），Hg 的污染频率最大，达到 78.7%，其中轻度—中等污染频率为 72.3%，中等污染频率为 6.4%；其次是 Cd 和 Zn，污染频率分别是 63.8%和 42.6%，Cd 出现了 2.1%的强—极严重污染和 2.1%的强污染；其余 5 种元素污染频率的大小顺序为 Ni、Cr、Cu、Pb 和 As，Cu 出现了 4.3%的中等污染和 2.1%的中等—强度污染。从各个元素的 I_{geo} 分级频率看，保护地菜地土壤也要高于露地菜地。

表 2-12　土壤重金属元素 I_{geo} 分级频率分布情况　（单位：%）

元素	土壤	$I_{geo} \leq 0$	$0 < I_{geo} \leq 1$	$1 < I_{geo} \leq 2$	$2 < I_{geo} \leq 3$	$3 < I_{geo} \leq 4$	$4 < I_{geo} \leq 5$
Cr	菜地	85.1	14.9	0.0	0.0	0.0	0.0
	露地菜地	86.7	13.3	0.0	0.0	0.0	0.0
	保护地菜地	84.4	15.6	0.0	0.0	0.0	0.0
Ni	菜地	83.0	17.0	0.0	0.0	0.0	0.0
	露地菜地	86.7	13.3	0.0	0.0	0.0	0.0
	保护地菜地	81.3	18.7	0.0	0.0	0.0	0.0
Cu	菜地	87.2	6.4	4.3	2.1	0.0	0.0
	露地菜地	100.0	0.0	0.0	0.0	0.0	0.0
	保护地菜地	81.3	9.4	6.2	3.1	0.0	0.0
Zn	菜地	57.4	29.8	12.8	0.0	0.0	0.0
	露地菜地	86.7	13.3	0.0	0.0	0.0	0.0
	保护地菜地	43.8	37.5	18.8	0.0	0.0	0.0

续表

元素	土壤	$I_{geo} \leqslant 0$	$0 < I_{geo} \leqslant 1$	$1 < I_{geo} \leqslant 2$	$2 < I_{geo} \leqslant 3$	$3 < I_{geo} \leqslant 4$	$4 < I_{geo} \leqslant 5$
As	菜地	100	0.0	0.0	0.0	0.0	0.0
	露地菜地	100.0	0.0	0.0	0.0	0.0	0.0
	保护地菜地	100.0	0.0	0.0	0.0	0.0	0.0
Cd	菜地	36.2	40.4	14.9	4.3	2.1	2.1
	露地菜地	53.3	46.7	0.0	0.0	0.0	0.0
	保护地菜地	28.1	37.5	21.9	6.3	3.1	3.1
Hg	菜地	21.3	72.3	6.4	0.0	0.0	0.0
	露地菜地	13.3	80.0	6.7	0.0	0.0	0.0
	保护地菜地	25.0	68.8	6.2	0.0	0.0	0.0
Pb	菜地	97.9	2.1	0.0	0.0	0.0	0.0
	露地菜地	100.0	0.0	0.0	0.0	0.0	0.0
	保护地菜地	96.9	3.1	0.0	0.0	0.0	0.0

注：因 8 种重金属元素均无极严重污染等级，故表 2-12 中没有列出。

5）产地环境质量综合评价

所有采样点的 Hg、Cr、As、Pb 均满足 RB/T 165.1—2018 规定的土壤环境质量标准要求，Cd、Ni、Cu、Zn 的污染频率分别为 21.3%、8.51%、2.12%、2.12%；潜在生态风险指数法结果表明 Cr、Ni、Cu、Zn、As 无污染，Hg、Cd 的污染频率分别为 97.8%和 80.8%；地积累指数法评价结果表明，除 As 外，Hg、Cd、Zn、Ni、Cr、Cu、Pb 的污染频率分别为 78.7%、63.8%、42.6%、17.0%、14.9%、12.8%、2.1%。三种方法的评价结果表明，潍坊市蔬菜地中 As 无污染，其他元素存在一定程度污染，其中 Cd 污染频率要大于其他 7 种元素，可能是区域发展有机种植业的首要限制因子；潍坊市保护地菜地土壤的污染频率大于露地菜地土壤。

2.5.3　茶叶产地环境质量评价

1. 企业基本情况

某高山茶园有限公司自有有机茶园 2500 余亩，带动辐射周边种茶区域超过 2 万亩。自建厂房占地面积 80 亩，建筑面积 33000m^2，具备绿茶、白茶、黄茶、普洱茶和红茶的生产技术能力，拥有各自独立的车间和全套加工设备，年加工生产能力 1200 多吨；茶园中建设了水坝，含独立封闭水体，铺设安装有滴灌系统。主要生产“无量翠环”“无量剑兰”“无量雪龙”优质绿茶、“无量尊红”名优红茶及“祖祥号”普洱茶等系列产品。在企业管理方面，多年来公司依托普洱的环境和气候优势，采取“公司 + 合作社 + 农户 + 基地”的经营模式，以种植优质茶叶为发展方向，开发种植基地、选择种植品种、精研高档茶叶的加工技术，以品牌和高标准的国际认证并远销海外的有机茶叶为产业核心。

2. 茶叶产地环境质量现状调查

1）自然环境状况

云南普洱某高山茶园坐落于普洱市思茅区南屏镇整碗村，该茶叶基地远离城区，周围百余千米群山绵延，山林茂盛，无大型建筑物和污染源，生态气候条件优越。茶园四周多为海拔 1200～1600m 的高山，属低纬高原南亚热带季风气候区，境内立体气候明显，具有低纬、高温、多雨、湿润、静风的特点。该茶叶基地年均气温 17.8℃，年均降水量 1524.4mm，常年云雾缭绕、雨量充沛、土壤肥沃，是云南省大叶种茶树最佳的生长地之一。

2）生产过程中质量控制措施

为杀灭虫害减少农药喷施，在茶园中配置了杀虫灯、诱虫板对害虫诱杀，采用人工捕杀、糖醋诱杀进行除虫；选择能够获得有机认证的自然降解的生物农药，在茶园中养鸡捕捉害虫等一系列生物种植方式，常年进行人工捉虫，按数量收购害虫，确保茶叶无农药残留。

利用原始森林水源地水源进行滴灌；从山区采购羊粪，配合豆粕、森林腐殖土和修剪的茶枝叶发酵生物肥；人工锄草，种豆养肥，每年深翻两次。

3）产地环境现状初步分析

该生产基地位于无污染、生态条件良好的地区，远离城区、工矿区、交通主干线、工业污染源、生活垃圾场等，是理想的有机食品生产基地。

3. 产地环境质量监测

1）监测布点的方法

按照《有机产品产地环境适宜性评价技术规范 第 1 部分：植物类产品》（RB/T 165.1—2018）中的详细规定进行布点。根据基地土壤分布和利用状况，在该茶园的核心区 600 亩左右的范围中进行土样采集，共设 4 个采样点。

2）采样方法

按照 RB/T 165.1—2018 中的详细规定进行采样。土壤样的采集是每个采样点选取 5 个点，采样深度为 0～20cm，混合均匀，按四分法取 1kg 装袋带回实验室。

3）样品处理方法

土壤样品采集后带回实验室，自然风干，剔除杂质，磨碎过筛，保存待用。

4）分析项目与方法

样品的分析项目按照 RB/T 165.1—2018 的规定，方法参照 GB 15618—2018 规定进行。

5）分析结果

根据 RB/T 165.1—2018 和 GB 15618—2018 规定的项目和方法对土壤样品、灌溉水质和空气质量进行分析，结果见表 2-13～表 2-15。

表 2-13　茶园土壤样品监测结果

编号	pH	Cu/(mg/kg)	Pb/(mg/kg)	Cd/(mg/kg)	Cr/(mg/kg)	Hg/(mg/kg)	As/(mg/kg)	Zn/(mg/kg)	Ni/(mg/kg)
1	4.85	21.1	15.1	＜0.04	90.6	0.090	12.7	40.6	25.4
2	4.62	14.5	8.74	＜0.04	79.6	0.070	6.29	37.1	25.4
3	4.75	32.5	11.8	＜0.04	71.2	0.071	3.12	55.8	28.8
4	5.54	14.6	9.51	＜0.04	89.6	0.113	6.72	28.9	22.0

表 2-14　灌溉水质监测结果

编号	pH	化学需氧量/(mg/L)	总汞/(μg/L)	总镉/(μg/L)	总砷/(μg/L)	总铅/(μg/L)	六价铬/(μg/L)
1	7.75	＜10	0.5	0.5	1	5	5

表 2-15　空气质量监测结果

$PM_{2.5}$	PM_{10}	SO_2	NO_2	CO	O_3
24h 平均/(μg/m³)				24h 平均/(mg/m³)	1h 平均/(μg/m³)
6	16	6	15	0.443	58

4. 产地环境质量现状评价

1）产地环境质量评价

土壤各监测点单项和综合污染指数评价结果见表 2-16，结果表明，土壤监测点单项污染指数除 3 号点 Ni 略大于 0.7 外，其余均小于 0.7；通过综合污染指数分析，4 个土壤监测点的综合污染指数均小于 0.7。故该生产基地的土壤环境质量为适宜区，符合有机食品生产基地要求。

表 2-16　土壤环境质量污染评价结果

编号	P_{Cu}	P_{Pb}	P_{Cd}	P_{Cr}	P_{Hg}	P_{As}	P_{Zn}	P_{Ni}	P
1	0.42	0.19	0.13	0.60	0.30	0.25	0.20	0.64	0.51
2	0.29	0.11	0.13	0.53	0.23	0.13	0.19	0.64	0.49

续表

编号	P_{Cu}	P_{Pb}	P_{Cd}	P_{Cr}	P_{Hg}	P_{As}	P_{Zn}	P_{Ni}	P
3	0.65	0.15	0.13	0.47	0.24	0.06	0.28	0.72	0.56
4	0.29	0.12	0.13	0.60	0.38	0.13	0.14	0.55	0.44

灌溉水质单项和综合污染指数评价结果见表 2-17，从表可以看出，灌溉水质单项和综合污染指数均小于等于 0.5，判定为适宜区。

表 2-17　灌溉水质质量评价结果

$P_{化学需氧量}$	$P_{总汞}$	$P_{总镉}$	$P_{总砷}$	$P_{总铅}$	$P_{六价铬}$	P
0.05	0.5	0.05	0.01	0.025	0.05	0.36

从表 2-18 可以看出，空气质量单项和综合污染指数均小于 0.6，判定为适宜区。

表 2-18　空气质量评价结果

$P_{PM_{2.5}}$	$P_{PM_{10}}$	P_{SO_2}	P_{NO_2}	P_{CO}	P_{O_3}	P
0.08	0.11	0.04	0.19	0.11	0.29	0.23

2）产地环境质量综合评价

监测结果表明：生产基地内土壤、灌溉水质、空气各项指标均小于 RB/T165.1—2018 中各项污染物的浓度限值。

5. 结论

综上所述，可以得出以下结论：该公司生产基地的环境质量为适宜，符合发展有机产品产地环境质量标准的要求。

6. 综合防治对策及建议

为确保该基地的持续发展，应加强对其生产基地的综合防治，具体如下。

（1）加强对基地农民关于有机产品生产技术的培训，严格按照有机产品生产操作规程进行生产。

（2）加强有机产品基地生态环境建设，保护好现有的环境。

（3）注意病虫害防治，尽量减少病虫害。

2.5.4　水稻产地环境质量评价

1. 企业基本情况

某公司成立于 2004 年，主要围绕优质水稻的生产、加工、销售和副产品的深度开发利用进行运作。公司通过“公司 + 基地 + 科技 + 农户 + 合作社”的经营模式，按照农业订单方式带动农户进行优质水稻种植，2016 年农业订单面积达 23.3 万亩，其中优质高产核心示范基地 5.2 万亩，绿色食品种植基地面积 6.28 万亩，有机食品种植面积 0.2 万亩。公司优质稻谷仓容量达 4.5 万 t，建有日产 50t、100t 精米加工生产线各一条。建立绿色食品、有机食品基地，划定地理标志产品保护区域，确保产品数量质量。在严格执行《地理标志产品　遮放贡米》（DB53/T 680—2015）中品种要求，种植、加工规程的同时，按照《大米》（GB/T 1354—2018）、《绿色食品　稻米》（NY/T 419—2014）和《有机产品　第 1 部分：生产》（GB/T 19630.1—2011）组织生产、销售；产品包装加贴防伪标识，标签明示质量售后服务电话、二维码查询等，产业形成农、工、贸一体化，种、养、加一条龙，工业与农业互补互促的循环经济产业链，质量有保证可追溯。

2. 水稻产地环境质量现状调查

1）自然环境状况

公司基地位于芒市，芒市为南亚热带低热盆地气候，平均气温 19.5℃，无霜期 300d 以上，年日照在 2000～2452h，年降水量 1300～1653mm，夏无酷热，冬无严寒，静风，雨量丰沛，水稻生产地域地势平坦，土层深厚，土质疏松肥沃，是地理标志主要区域，也是芒市水稻重点产区。芒市森林覆盖率达 64%，生态环境良好，符合发展有机食品的要求。

2）生产过程中质量控制措施

水稻选择优良品种，施肥以有机肥为主，并坚持 80%的稻麦秸秆还田，割打野生绿肥，种植豆科作物等方式，达到培肥土壤的目的。

育秧时将选好的稻种用冷水浸泡 12h，诱发病菌，洗净换水，按每千克稻谷 1 克“强氯精”浸种 24h，洗净催芽，露白播种，防治稻瘟病。秧田以人工防杂除草为主、放鸭除草为辅。当进入分蘖高峰期，撤水晒田，采用生物技术，防治稻瘟病，每亩用“枯草芽孢杆菌”6～12g 兑水 50kg 均匀喷雾，连喷 2 次，每隔 7d 喷一次，预防穗茎稻瘟病。

3）产地环境现状初步分析

该生产基地位于海拔 1100m 以下的盆地，远离城区、工矿区、交通主干线、工业污染源、生活垃圾场等，无污染，环境良好，是理想的有机食品生产基地。

3. 产地环境质量监测

1）监测布点方法

按照《有机产品产地环境适宜性评价技术规范 第 1 部分：植物类产品》（RB/T 165.1—2018）中的详细规定进行布点。根据生产过程中基地的土壤分布和利用状况进行土样采集，共设 16 个采样点。

2）采样方法

按照 RB/T 165.1—2018 中的详细规定进行采样。土壤样的采集是每个采样点选取 5 个点，采样深度为 0～20cm，混合均匀，按四分法取 1kg 装袋带回实验室。

3）样品处理方法

土壤样品采集后带回实验室，自然风干，剔除杂质，磨碎过筛，保存待用。

4）分析项目与方法

样品的分析项目按照 RB/T 165.1—2018 的规定，方法参照 GB 15618—2018 规定进行。

5）分析结果

根据 RB/T 165.1—2018 和 GB 15618—2018 规定的项目和方法对土壤样品进行分析，结果见表 2-19。

表 2-19　水稻基地土壤样品监测结果

编号	pH	Cu/(mg/kg)	Pb/(mg/kg)	Cd/(mg/kg)	Cr/(mg/kg)	Hg/(mg/kg)	As/(mg/kg)	Zn/(mg/kg)	Ni/(mg/kg)
1	6.5	35	34.8	0.17	63	0.056	15.8	130.0	44.0
2	7.4	38	36.4	0.15	75	0.052	23.3	94.0	66.0
3	7.3	16	27.1	0.07	20	0.03	13.6	87.7	29.0
4	7.3	29	37.0	0.16	46	0.318	16.4	110.0	48.0
5	7.4	16	58.3	0.08	22	0.096	9.56	78.3	26.0
6	7.4	23	30.4	0.07	63	0.038	14.5	53.6	48.0
7	7.6	25	21.8	0.07	63	0.007	16.7	66.7	45.0
8	7.6	28.0	24.0	0.05	72	0.056	14.7	59.4	47.0
9	7.8	31.0	21.3	0.07	78	0.049	15.1	68.9	57.0
10	6.1	28.0	21.5	0.05	28	0.039	53.3	59.0	36.0
11	7.2	27.0	17.7	0.02	56	0.036	11.3	56.6	37.0
12	7.8	14.5	65.0	0.22	32	0.044	18.6	98.1	12.6
13	7.1	12.6	56.3	0.17	35	0.061	8.9	77.9	14.0
14	6.2	12.2	47.3	0.16	34	0.042	9.6	71.4	15.1
15	7.5	26.4	22.5	0.18	94	0.059	17.5	48.0	45.2
16	7.3	27.0	23.7	0.03	72	0.051	10.1	49.1	47.4

4. 产地环境质量现状评价

1）产地环境质量评价

土壤各监测点单项和综合污染指数评价结果见表 2-20。结果表明，土壤监测点单项污染指数除 10 号点 As、2 号和 9 号点 Ni 含量大于 1，判定为不适宜区外，其余点单项污染指数均小于 1，进一步通过综合污染指数分析，其余点综合污染指数均小于 1，为尚适宜和适宜区，故该生产基地除 2 号、9 号、10 号点位外，土壤环境质量为适宜或尚适宜，符合有机食品生产要求。

表 2-20　土壤环境质量污染评价结果

编号	P_{Cu}	P_{Pb}	P_{Cd}	P_{Cr}	P_{Hg}	P_{As}	P_{Zn}	P_{Ni}	P
1	0.35	0.22	0.34	0.21	0.11	0.63	0.52	0.88	0.69
2	0.38	0.23	0.30	0.25	0.10	0.93	0.38	1.32	0.99
3	0.16	0.17	0.14	0.07	0.06	0.54	0.35	0.58	0.45
4	0.29	0.23	0.32	0.15	0.64	0.66	0.44	0.96	0.75
5	0.16	0.36	0.16	0.07	0.19	0.38	0.31	0.52	0.41
6	0.23	0.19	0.14	0.21	0.08	0.58	0.21	0.96	0.72
7	0.25	0.14	0.14	0.21	0.01	0.67	0.27	0.90	0.68
8	0.28	0.15	0.10	0.24	0.11	0.59	0.24	0.94	0.70
9	0.31	0.13	0.14	0.26	0.10	0.60	0.28	1.14	0.85
10	0.28	0.13	0.10	0.09	0.08	2.13	0.24	0.72	0.61
11	0.27	0.11	0.04	0.19	0.07	0.45	0.23	0.74	0.56
12	0.15	0.41	0.44	0.11	0.09	0.74	0.39	0.25	0.29
13	0.13	0.35	0.34	0.12	0.12	0.36	0.31	0.28	0.27
14	0.12	0.30	0.32	0.11	0.08	0.38	0.29	0.30	0.27
15	0.26	0.14	0.36	0.31	0.12	0.70	0.19	0.90	0.69
16	0.27	0.15	0.06	0.24	0.10	0.40	0.20	0.95	0.70

2）产地环境质量综合评价

监测结果表明：生产基地除 2 号、9 号、10 号点位外，土壤各项指标均小于 RB/T 165.1—2018 中各项污染物的浓度限值。

5. 结论

综上所述，可以得出以下结论：该公司生产基地环境质量为适宜或尚适宜，符合发展有机产品产地环境质量标准的要求，但需要剔除重金属超标地块。

6. 综合防治对策及建议

为确保该基地的持续发展，应加强对其生产基地的综合防治，具体如下。

（1）采用农艺措施对污染农田进行修复，使其符合有机产品产地环境要求。

（2）加强对基地农民关于有机产品生产技术的培训，严格按照有机产品生产操作规程进行生产。

（3）加强有机产品基地生态环境建设，保护好现有的环境。

（4）注意病虫害防治，尽量减少病虫害。

参 考 文 献

陈凤艳，李学宏. 2010. 联邦德国农业灌溉水质标准综述. 黑龙江水利科技，38（2）：108-109.

陈平，陈研，白璐. 2004. 日本土壤环境质量标准与污染现状. 中国环境监测，20（3）：62，63-66.

樊琦，祁华清. 2014. 既要重视粮食生产更要做好粮食产后节约减损. 中国粮食经济，（7）：63.

樊乃根. 2014. 中国水环境污染对人体健康影响的研究现状. 中国城乡企业卫生，（1）：116-118.

国家认证认可监督管理委员会. 2014. 中国有机产业发展报告. 北京：中国质检出版社.

胡颉. 2013. 我国 $PM_{2.5}$ 的污染现状及监测. 城市建设理论研究（电子版），（24）：1.

环境保护部，国土资源部. 2014. 全国土壤污染状况调查公报. 中国环保产业，36（5）：1689-1692.

王国庆，骆永明. 2005. 土壤环境质量指导值与标准研究 I. 国际动态及中国的修订考虑.土壤学报，42（4）：666-673.

王云宝. 2006. 农业灌溉水质指标参考综述. 黑龙江水利科技，34（1）：56-57.

张凯，柴发合，杨晴，等. 2012. 国内外大气重金属研究进展. 中国大气环境科学与技术大会暨中国环境科学学会大气环境分会 2012 年学术年会，北京.

赵小健. 2013. 基于 Hakanson 潜在生态风险指数的某垃圾填埋场土壤重金属污染评价. 环境监控与预警，5（4）：9，43-44.

中国分析计量网. 2015. 臭氧成我国今夏首要污染物 危害不亚于 $PM_{2.5}$. 化学分析计量，24（5）：96.

第3章　全国有机产品产地环境适宜性区域划分

我国幅员辽阔，农业生产的自然环境迥异，根据有机产品认证对产地的水质、土壤、空气环境质量要求，结合全国的自然、环境和经济发展，划定全国有机产品产地环境适宜区域，宏观上指导各地有机农业的发展规划布局，具有现实意义和必要性。本章研究形成了有机产品产地环境适宜性的区域划分方法和评价模型，绘制了以县域为单元的全国有机产品产地环境适宜性区域分布图，为各地有机产业的发展提供参考。

3.1　产地环境适宜性相关评价方法的发展

区域农产品产地环境，主要包括一定生态区域或行政区域内适宜植物生长的自然环境和质量环境。自然环境主要为立地环境，包括气候、土壤、水文、地形等；而近年来生产和研究领域越来越关注的质量环境主要包括土壤环境质量、大气环境质量和灌溉水质，与此相对应，产地环境适宜性评价应包括对自然环境，即对生态适宜性的评价，以及对质量环境是否符合人类健康的评价。

生态适宜性评价主要依据气候条件和土壤条件，其中关于气候条件评价的思想源于为植物引种提出的气候相似原理，这一理论最初用于农业气候区划。20世纪初，德国林学家迈耶尔首先提出气候相似论，认为引种最成功的可能性在于原产地与引种地的气候条件相似。1937年，苏联学者谢良尼诺夫提出农业气候区划；20世纪40年代日本从单项作物开始进行农业气候区划。1947～1961年，美国生态学家诺顿逊研究了世界上其他地方与北美洲的农业气候相似情况。1972年苏联生态学家戈利别尔格按已知作物生长可能性的农业气候指标（如积温、干燥度等）编制了世界农业气候相似图集。我国也在20世纪70年代末至90年代进行了全国主要农林作物的气候区划，以及特色农产品和新作物的气候生态区划。

近年来，区域作物生态适宜性评价成为新品种引进、作物估产、栽培技术改进、种植制度设计、种植业布局规划的重要依据（陈海生等，2009）。随着气象观测、土壤调查等数据获取难度的降低以及3S（GIS、RS、GNSS）技术的发展，定量化的作物生态适宜性评价已经成为主要趋势，国内学者在橡胶、玉米、茶叶、杨梅等几十种作物、171种药材的生态适宜性评价中，对区域内满足该作物生物学特性的气象、土壤指标进行评价并分区（陈土林，2017；郭祥等，2010；金志凤等，2008，2011；刘少军等，2015；石淑芹等，2011）。区域适宜性评价的研究在方法上形成两个新特点，首先是与 GIS 技术的结合，大数据和计算机技术提高了区域评价的精度和速度；其次是定量指标和数理统计方法结合起来——用数学方法计算，用传统的指标方法检验，或者提出聚类等多元分析的原则。

随着人们对农产品质量的重视，对产地环境质量评价研究逐渐成为环境研究的重要内容（游娟等，2010），即对当地土壤环境、水质等的评价也逐渐纳入产地环境质量评价中。由于生态适宜性评价主要是区域评价，评价范围较大。但土壤环境质量评价，则分为两个层次，第一是样本层次，多针对基于农场、基地范围采集的土壤样本，进行土壤重金属、化学投入品对土壤污染程度的评价，评价样本代表基地进行有机、绿色、无公害等农产品种植的可行性，或者针对样本超标率等进行样本污染程度的评价；第二是区域层次，但大区域的土壤污染等相关数据很难获得，现有评价中，有从农业化学投入品投入量或畜禽粪便产生量中，依据一定的系数折算进行农业面源污染风险评价，而对大区域土壤环境质量评价的研究则较少。

对于植物有机产品产地环境，首先应满足其生态适宜性，其次应满足有机产品生产规范中对污染区域、经济条件方面的要求。因此，根据有机生产产地环境的要求，本书针对我国有机产品产地环境适宜性，进行区域植物自然适宜性、产地污染风险性和产地经济适宜性三方面的评价。通过分析区域自然条件、环境、生态经济三方面影响有机产品产地环境的主控因子，建立分区评价指标体系；进行指数评价方法的研究，研究以县域为单元的综合因子适宜性指数阈值；以 GIS 为分析平台，利用自然、环境、生态等多源空间数据，实现区域多因素有机产品产地环境适宜性评价。

3.2　有机产品产地的典型生态分区和产地环境因素

3.2.1　典型生态分区

我国幅员辽阔，南北方、东西部的自然条件迥异，各地适生植物的生物学阈值千差万别。本书首先分析了我国五个气候带和三大阶梯的地貌特征、农业熟制及牧业分布，确定按照生物气候条件进行分区，即将气象、土壤、地形等条件较一致的地区分为一个生态区，区内适生植物属于一个气候带，这样有利于建立科学合理的自然条件划分指标。对比以往的研究规划中，农业自然区划也是《全国农业可持续发展规划（2015—2030）》《全国生态功能区划》的生态分区基础。因此，本书选择我国农业自然区划一级分区作为典型生态分区，建立评价指标体系进行有机产品产地环境适宜性的区域划分评价，即全国分为东部季风区、西部干旱区、青藏高寒区三个区，其自然环境和农牧业特征如下。

（1）东部季风区。季风盛行，雨热同季，水系发育；多为丘陵和平原；南方酸性土壤黏重，北方有盐碱地，以农业为主。

（2）西部干旱区。与东部季风区的分界为：年降水量小于 400mm，降水稀少，限制温度发挥作用，多为内流河，雨水和雪水补给；土壤多含有盐碱和石灰；地形主要是高大山系分割的盆地和高原，自然植被为草原和荒漠，以牧业为主，有绿洲农业和旱地农业。

（3）青藏高寒区。与两区的分界为：高寒，生长季温度低，限制水分发挥作用，≥0℃积温＜3000℃，最暖月＜18℃；西部为内流河，东部为江河发源地，以雪水补给为主；高原及高大山系，海拔≥3000m，自然植被为高山草原与寒漠；以牧业为主，盆地及河谷有农业。

3.2.2 产地环境因素

有机产品生产的基础是植物生产，纳入本书评价指标体系首先考虑植物的生长条件，即选择适合的自然环境因素。根据典型分区的气象、土壤、地形等自然条件和分区内植物生物学特征，以气象、土壤和地形作为产地环境因素指标。气象条件对植物生长的制约主要是热量和水分，其多少决定植物能否生长；土壤因素主要指土壤酸碱度、质地等理化性质是否符合植物的生物学要求；地形因素主要是地势的差异影响光热再分配。分析三个典型分区的主要制约因子为：东部季风区南方土壤黏重、有酸害，北方会受水分条件影响，土壤有盐害、碱害；西部干旱区，水分条件是主要的限制性因子，同时土壤多含盐碱；青藏高寒区，主要限制因子为低温。

有机生产必须保证产地环境的清洁无污染。因此，污染风险是有机产品产地环境的必要限制条件，本书将污染风险区域作为产地环境的评价因素之一。根据有机生产的要求（GB/T 19630.1—2011），有机生产基地应远离城区、工矿区、交通主干线、工业污染源、生活垃圾场等。因此，本书将这些场地和已被污染的农田及其周边一定距离范围内的区域作为产地污染风险区域，即不适宜区，并予以剔除。

有机产品作为一种接近自然生产条件的健康农产品，成本相对普通植物农产品高，因此，产地规模、交通状况等生态经济条件都会影响基地选址。城郊或偏远山区，或耕地过少，或交通不便，一般也不宜作为有机产品基地。本书将生产规模和交通作为产地环境因素，来评价地区的经济生产适宜性。

综上，本书制定的有机产品产地环境适宜性区域划分指标，由植物自然适宜性、产地污染风险区评价、经济生产适宜性三部分指标组成。

3.3　基于县域的有机产品产地适宜性评价划分指标

3.3.1　自然适宜性分级指标

我国有机产品标准指出，有机农业在发挥其生产功能即提供有机产品的同时，关注人与自然系统的相互作用，以及环境、自然资源的可持续利用管理。1999 年，中央宣布实施西部大开发的战略，并明确提出生态环境保护和建设是西部大开发的根本。2008 年 7 月，环境保护部和中国科学院公布了《全国生态功能区划》。2015 年 5 月，农业部、国土资源部等联合发布《全国农业可持续发展规划（2015—2030）》。因此，本书在各因子评价分级中，对自然条件不优越、生态脆弱但尚有一定生产力的地区，考虑以尚适宜为主，旨在与国家相关发展规划保持一致。

1. 指标的选择与构成

指标构成需针对全国范围的产地环境因子评价，指标需要既能体现全国各地植物的生物学需要，又不能相互交叠，影响指标的独立有效性，同时指标数据需较易获得。

自然适宜性指标由影响植物生长的水热因子和土壤因子组成，直接影响水热分配的是气象因子，地形因子主要影响水热再分配，而土壤理化性质不适宜则会制约植物生长。因此自然适宜性指标由三类环境因子组成：气象、土壤和地形。其中，气象因子，选择体现热量、水分条件的 2 个指标。热量指标选择积温，水分指标主要选择年降水量，干旱地区附加河渠密度来体现地区水分条件，这是由于积温最能体现作物在生育期内的累积热量需求，而年均温可能掩盖生长季节温度的差别。水分指标指年降水量或年降水量结合河渠密度，这是由于西部干旱区和青藏高寒区，降水稀少，绿洲和河谷农业的基本条件在于灌溉，河渠密度是指本县单位耕地、草地上的河渠长度，反映区域的灌水能力。土壤因子包括土壤 pH（酸碱度）和土壤类型两项，前者反映了土壤化学性质，而土壤类型则综合反映了土壤的持水性、石灰性等物理化学性质和肥力状况。地形因子包括海拔和坡度。

2. 指标阈值的确定

各因子分为适宜、尚适宜和不适宜三个等级，参考作物、林果、草类等生物学特性和已有农业区划研究成果确定量化指标。

1）气象因子

（1）年降水量：＜200mm，则没有灌溉就没有农业；年降水量 400mm 是半湿润和半干旱区的分界；＞400mm 即可以雨养农业为主。因此，东部季风区年降水＜200mm 为不适宜，＞400mm 为适宜。西北干旱区和青藏高寒区，年降水量大多低于 400mm，以降水量结合河渠密度作为水分指标。经研究分析，华北年降水 400mm 分界线以东地区，河渠密度主要在 0.30～0.49km/km^2；而年降水 400mm 分界线以西沿线的农业地区河渠密度多在 0.2km/km^2 左右。西部干旱区和青藏高寒区是我国主要牧区，年降水量低于 400mm，河渠密度则体现了绿洲和河谷农业的水分状况，因此以河渠密度 0.3km/km^2 和 0.1km/km^2，年降水量 200mm 和 100mm 分别作为适宜和不适宜的限值。

（2）积温：东部季风区和西北干旱区热量条件好，黑龙江北部和内蒙古东北部的寒温带地区≥10℃积温低于 1600℃，生产一年一季极早熟作物。水稻稳定生长需≥10℃积温 2300℃，春玉米则需要 1500℃，马铃薯一般需要 1000～2500℃。由于东部季风区以农业为主，积温指标主要考虑农作物需求，以 2300℃作为适宜的限值，以 0℃作为不适宜的限值。西北干旱区积温限值同东部季风区。青藏高寒区以牧业为主，因此主要考虑牧草和河谷农作物的生物学需求：≥0℃积温＜500℃为无人区，则以此限值为不适宜指标；500～1500℃区域以牧业为主，定为尚适宜；＞1500℃有河谷农业，定为适宜。

2）土壤因子

（1）土壤 pH：大部分作物、牧草和果木，在土壤 pH＞9.0 和＜3.5 的条件下，难以形成经济产量，故以其作为不适宜的限值；以弱碱性碱性 pH 8～9 和酸性 pH 3.5～5 作为尚适宜的限值。

（2）土壤类型：土壤类型反映了土壤的物理化学性质和肥力状况。土类是土壤高级分类的基本分类单元，它是依据土壤主要成土条件、成土过程与发生属性的共同性划分，土类间的发生属性与层段均有明显差异。鉴于在全国范围内评价，因此总体以土类、部分用亚类进行适宜性分级，亚类分级仅用于区分障碍土壤。将极酸或极碱、含大量砾石、土层浅薄、有永冻层等理化性质差、无农牧业利用价值或需要进行较大工程进行土壤改良的土壤类型，定为不适宜，如寒冻土、酸性硫酸盐土、漠境盐土、碱土等；将土壤肥力低或土壤理化性质对植物生长有明显障碍的土壤，定为尚适宜，如粗骨土、寒钙土及各土类下的盐化土壤亚类等（详见附录 5 附表 2）；其余土壤定为适宜，如白浆土、砂姜黑土、黑土、黑钙土、潮土、水稻土、红壤、黄壤等。

3）地形因子

（1）海拔：东部季风区以中低山、丘陵平原为主，多在 2000m 以下，包括成都平原在内的平原丘陵区海拔一般在 600m 以下；云贵高原平均海拔为 1000～2000m，中高山地区不适宜农作物以及茶树的种植，因此，以海拔＞2500m 为不适宜，＜1000m 为适宜指标。西北干旱区和青藏高寒区的不适宜级别以雪线为界。西北干旱区的天山和祁连山雪线 4000m 左右，而黄土高原中部以西地区，海拔在 2000m

以上，为农牧业交错地区，因此以 4000m 为不适宜限值，2500～4000m 为尚适宜，＜2500m 为适宜。青藏高寒区平均海拔在 3000m 以上，在青藏高原内部雪线 5500～6000m，高原东南边缘雪线 4500～5000m，因此以 5500m 作为该区不适宜限值，海拔 5000m 左右，生态相对脆弱，以牧业为主，4000～4700m 农牧交错地带，因此以 4000～5500m 定为尚适宜；谷地农业分布在海拔较低地区，海拔多在 4000m 以下，＜4000m 定为适宜。

（2）坡度：《中华人民共和国水土保持法》规定，≥25°即不准开荒种植农作物；而 15°～25°水土流失严重，必须采取工程、生物等综合措施防治水土流失。茶树种植坡度一般不大于 30°，而≥25°的山坡仍可放牧，因此，将坡度＞40°定为不适宜，15°～40°为尚适宜，＜15°为适宜。

三个典型分区的自然适宜性量化指标分级及权重见表 3-1。

表 3-1　有机产品产地环境自然适宜性分级指标及量化分值

区域	分级（分值）	气象		土壤		地形	
		积温/℃	年降水量（mm）与河渠密度/(km/km^2)	土壤 pH	土壤类型	坡度/(°)	海拔/m
东部季风区	适宜（3）	＞2300	＞400	5～8	附表 2	＜15	＜1000
	尚适宜（2）	600～2300	200～400	3.5～5，8～9	附表 2	15～40	1000～2500
	不适宜（1）	＜600	＜200	＜3.5，＞9	附表 2	＞40	＞2500
	权重	0.20	0.15	0.20	0.15	0.10	0.20
西北干旱区	适宜（3）	＞2300	＞200 且 h＞0.3	5～8	附表 2	＜15	＜2500
	尚适宜（2）	0～2300	100～200 或 h＞0.1	3.5～5，8～9	附表 2	15～40	2500～4000
	不适宜（1）	＜0	h＜0.1	＜3.5，＞9	附表 2	＞40	＞4000
	权重	0.15	0.35	0.15	0.10	0.05	0.20
青藏高寒区	适宜（3）	＞1500	＞200 且 h＞0.3	5～8	附表 2	＜15	＜4000
	尚适宜（2）	500～1500	100～200 或 h＞0.1	3.5～5，8～9	附表 2	15～40	4000～5500
	不适宜（1）	＜500	h＜0.1	＜3.5，＞9	附表 2	＞40	＞5500
	权重	0.20	0.15	0.20	0.15	0.10	0.20

注：h 指河渠密度。东部季风区和西北干旱区为≥10℃积温，青藏高寒区为≥0℃积温。土壤类型分级评价指标分级和分值详见附录 5 中的附表 2。

3.3.2　植物自然适宜性指数及分级

1. 植物自然适宜性指数

本书以植物自然适宜性指数（plant natural suitability index，PNSI）评价区

域植物生长的气象、土壤和地形等自然条件的适宜程度，数值范围 1～4。计算方法如下。

东部季风区和青藏高寒区：0.2×＞10℃积温分值（青藏高寒区：＞0℃积温分值）+ 0.15×年降水量分值（青藏高寒区：年降水量与河渠密度分值）+ 0.2×土壤 pH 分值 + 0.15×土壤类型分值 + 0.1×坡度分值 + 0.2×海拔分值。

西北干旱区：0.15×＞10℃积温分值 + 0.35×年降水量与河渠密度分值 + 0.15×土壤 pH 分值 + 0.1×土壤类型分值 + 0.05×坡度分值 + 0.2×海拔分值。

2. 植物自然适宜性分级

对区域内的植物自然适宜性指数分为适宜、尚适宜、不适宜三个分级，详见表 3-2。

表 3-2　植物自然适宜性分级

级别	适宜	尚适宜	不适宜
植物自然适宜性指数	＞2.6	1.6～2.6	＜1.6

3.3.3　产地污染风险区分级指标

风险区即有污染风险的、不符合有机产品生产的区域。以污染源周边一定缓冲距离覆盖的区域评价为不适宜区。缓冲指标主要从污染源大小、污染物毒害程度的角度出发确定其风险距离，对污染风险大的污染源，缓冲范围大。

1. 风险区缓冲距离的确定

缓冲距离基于三个方面的研究：第一是有机生产现有国家标准和地方标准，远离污染源或明确距离污染源 3～5km；第二是部门土壤质量调查报告和文献调研，如环境保护部与国土资源部公布的《全国土壤污染状况调查公报》(2014）等；第三是近 10 年来的研究结果，对城市、工矿区、道路等周边农田土壤重金属和污染气体、工业粉尘、汽车扬尘与尾气、污染河湖灌溉的辐射区域。

1）交通区

环境保护部与国土资源部 2014 年 4 月 17 日联合发布的《全国土壤污染状况调查公报》显示：在调查的 267 条干线公路两侧的 1578 个土壤点位中，超标点位占 20.3%，主要污染物为铅、锌、砷和多环芳烃，一般集中在公路两侧 150m 范围内，300m 范围内受到铅、镉污染或潜在生态危害。

2）矿区

矿区分类：区分金属矿区和油气田及其他矿区。金属矿区相关企业在矿石冶炼等加工处理过程中，其加工工艺造成的粉尘、排放的污水和固体废弃物中含有大量重金属，其废渣、废水、粉尘等辐射范围要比普通矿区更远。其中，铅、锌和镉的污染范围较大，可超过 1500m，而铜的迁移性较小，污染范围大多在 1500m 以内（张骁勇，2012）。

3）城区

王莹等（2012）对 43 个大中城市土壤重金属污染的研究表明，长江以南城市重于长江以北，特大城市重于中小城市，工业城市重于一般城市，近郊重于远郊。

由此，通过界定城区的类型从而确定缓冲距离。城区界定：①大城市。参考我国政府相关部门规定的超大城市、特大城市、大城市人口标准，以人口≥300 万的城区为大城市。②工业城市。通过对我国 650 个地级以上城市和县级市的年废水排放量和二氧化硫排放量的分析，选择年工业废水排放量或工业二氧化硫排放量作为工业城市的判断指标，即年工业废水排放≥4000 万 t 或工业二氧化硫排放≥1 万 t 的城区作为工业城市；无污染物排放数据的县，以县工业总产值作为判断县城区工业类型指标。通过分析对比 2000 个县和地级市工业总产值，以年工业总产值≥500 亿元的 160 余个县城区为工业城区。③其他县级以上城区为其他城区。

综上，交通区、矿区、城区的缓冲风险区域的划分指标见表 3-3，污染风险区二级分类的界定见表 3-4。

表 3-3　有机产品产地风险区域划分指标

风险区一级分类	风险区二级分类	缓冲距离/km
矿区	金属矿区	5
	其他矿区	3
	油、气田	3
城区	大城市	5
	工业城市/区	5
	其他城区	3
交通区	交通主干线（国道、省道）	0.5
	县道	0.3
污染河湖灌区	污染河湖	2
已污染区	工业污染源、垃圾处理场	5
	重金属超标农田	5

此外，对于发生严重污染事件的矿区、河湖、污染区，其所在县市定为不适宜区。

表 3-4 污染风险区二级分类的界定

风险区一级分类	风险区二级分类的界定
矿区	金属矿区：黑色金属、有色金属矿产区
	其他矿区：石棉、磷矿等非金属矿产区域
	油、气田：油田和气田
城区	大城市：人口≥300 万的城区
	工业城市/区：年工业废水排放≥4000 万 t 或工业二氧化硫排放≥1 万 t 的城区；或年工业总产值≥500 亿元的县城区
	其他城区：其他县级以上城区
交通区	交通主干线：国道、省道
污染河湖灌区	污染河湖：连续 5 年Ⅴ类或劣于Ⅴ类水质（监测河段）
已污染区	工业污染源、垃圾处理场：企业固废堆放场、城市垃圾填埋场
	重金属超标农田：重金属调查插值制图的超标农田

2. 县域有机产品产地环境污染风险性分级指标

当县域的非风险区所占面积较少时，才可保证有机植物的生产。通过风险区域占县域耕地、草地面积的比例大小，确定县域的风险等级。县域风险评价采用表 3-5 所示指标。

表 3-5 县域有机产品产地环境污染风险性分级指标

污染风险性分级（分值）	风险区域占县域耕地、草地面积的比例/%
适宜（3）	＜20
尚适宜（2）	20～60
不适宜（1）	＞60

不适宜区还包括：重金属污染防治重点区县；县域样点 20 个以上且中度以上点位超标率＞20%，污染风险为尚适宜的县，降级为不适宜；曝光矿区、河湖等重大污染事件的县（市、区）。

3.3.4　县域有机产品产地经济生产适宜性分级指标

本指标是对上述评价划分后处于有机产品产地适宜的地区进行经济可行性分级，避免两种情况：一是自然条件较好，但地处边远，甚至不通道路，商业化生产成本很高的地区；二是城市郊区，虽然自然条件和污染风险条件符合，但是耕地、草地面积太少，达不到一定规模。以县域适宜的耕地、草地面积规模、产品运输等经济生产因素，即县域自然适宜区面积和道路密度指标进行划分，对上述分析适宜的区域再进行有机生产的适宜性分级。指标阈值如表3-6所示。

表3-6　有机产品产地县域经济生产适宜性分级

分级	县域自然适宜区面积/hm^2	道路密度/(km/km^2)	
		西北干旱区和青藏高寒区	东部季风区
适宜	＞1000	＞0.2	＞0.3
尚适宜	100～1000	0.1～0.2	0.2～0.3
不适宜	＜100	＜0.1	＜0.2

注：道路密度是指县域内单位面积上机耕路和县乡以上等级公路的总里程数。

经过经济生产适宜性分级的区域划分，最终形成基于县域的有机产品产地适宜性评价划分，形成有机产品产地适宜性评价分布图。

3.3.5　自然适宜性分区评价指标的权重评价方法

在自然适宜性分级评价中，三个分区中各个指标权重的确定方法，采用加权指数求和法建立综合区划评估模型［式(3-1)］，考虑到气候、土壤和地形因子对植物生长的影响是互相制约又相互补充，采用层次分析法（analytic hierarchy process，AHP）初步确定各评价因子的权重后，再结合专家打分确定权重。

$$Y_i = \sum_{j=1}^{m} P_j X_{ij} \quad (i = 1, 2, 3, \cdots, n;\ j = 1, 2, 3, \cdots, m) \tag{3-1}$$

式中，Y_i为评价目标的得分；P_j为第j个区划指标的权重；X_{ij}为评价单元i在区划指标j上的评价值；n为评价单元数；m为区划指标数，这里$m = 6$。

根据各指标适宜性的影响程度不同，构建综合区划指标判断矩阵［式(3-2)］，构造层次单排序和层次总排序，并同时进行一致性检验。

$$\boldsymbol{Z}=(a_{ij})_{n\times n}=\begin{pmatrix} \frac{g_1}{g_1} & \frac{g_1}{g_2} & \cdots & \frac{g_1}{g_n} \\ \frac{g_2}{g_1} & \frac{g_2}{g_2} & \cdots & \frac{g_2}{g_n} \\ \vdots & \vdots & & \vdots \\ \frac{g_n}{g_1} & \frac{g_n}{g_2} & \cdots & \frac{g_n}{g_n} \end{pmatrix} \tag{3-2}$$

式中，$\boldsymbol{Z}$ 为判断矩阵；a_{ij} 为 g_i 与 g_j 对目标层的影响之比，g_i 和 g_j 为各因子对目标层的影响程度。

权重分析结合专家打分，各分区自然因子的权重见表 3-1。

3.3.6 有机产品产地环境适宜性分级及含义

将自然适宜性、污染风险性、经济生产适宜性综合评价后的有机产品产地环境适宜性分为 3 级：适宜、尚适宜、不适宜。各级适宜性含义见表 3-7。

表 3-7 有机产品产地环境各级适宜性含义

级别	描述
适宜	无自然条件制约性因子，远离污染风险区域
尚适宜	有自然条件制约性因子出现 或有小面积污染风险区域
不适宜	自然条件恶劣，植物生长受到限制 或处于污染风险区域， 不排除县域内有小部分有机植物生产的适宜区域

3.4 数据来源与数据分析

3.4.1 数据来源

1. 自然适宜性分析数据

气象数据：2000～2010 年 600 余个站点逐日降雨和气温数据。

土壤数据：1∶100 万土壤图，1∶400 万土壤酸碱度图。

地形数据：1∶25 万 DEM（数字高程）。

水系图：全国水系图（1∶25 万，包括线状和面状河流、湖泊）。

2. 风险区分析数据

道路：全国公路图（1∶25 万，2002 年）。
城区：全国居民地地图（1∶25 万，2002 年），用于提取城市等级。
土地利用图：1∶10 万遥感解译，2010 年，用于提取城区。
矿区：中国矿产分布图（1∶1000 万）。
土地利用图：1∶10 万遥感解译，2010 年，用于提取工矿区。
中国城市统计年鉴：1993～2013 年，707 个地级及县级城市，用于确定大城市及城市工业类型。

3. 经济社会分析数据

土地利用图：1∶10 万，2010 年，提取耕地、草地。
道路：全国公路图（1∶25 万，2002 年）。

4. 辅助数据

县域图：1∶25 万县界图。

3.4.2　数据处理与分析

1. 图层数据处理

点位气象数据，经 GIS 插值获得全国年降雨等值线分布图和＞10℃、＞0℃积温分布图。

风险区域图，将道路、城区、矿区按相应类型，进行不同距离的缓冲区分析，获得风险区域图。

2. GIS 叠加分析

将相应的图层进行 GIS 叠加分析，获得相应分析单元，对每个单元进行评价，获得单元适宜性，按照面积加权获得县域的适宜性。

3.5　基于县域的全国有机产品产地环境适宜性区域分布

3.5.1　全国有机产品产地环境适宜性区域分布

依据自然因子、风险因子、经济生产因子构成的指标和自然条件的权重评价模型方法，以县域为单位，分别形成自然环境适宜性区域分布示意图、污染风险适宜性区域分布示意图和经济生产适宜性区域分布示意图，并采用叠图法，按照自然环境适宜性、污染风险适宜性、经济生产适宜性顺序叠合评价，形成全国有机产品产地环境适宜性区域分布示意图。自然环境适宜性区域分布示意图、污染风险适宜性区域分布示意图、经济生产适宜性区域分布示意图、全国有机产品产地自然环境与污染风险适宜性区域分布示意图和全国有机产品产地环境适宜性区域分布示意图如图 3-1～图 3-5 所示。

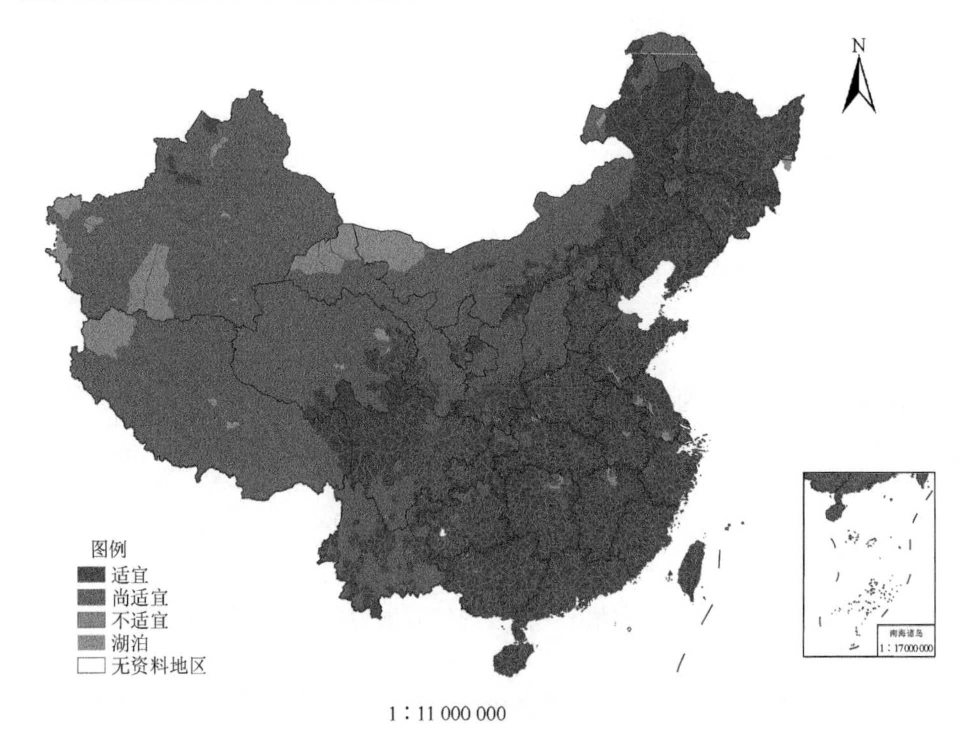

图 3-1　全国有机产品产地自然环境适宜性区域分布示意图（见彩图）

根据上述评价模型，得出我国全国有机产品产地环境适宜性区域划分为适宜等级的县（市、区）共计 1413 个，尚适宜县（市、区）829 个，不适宜县（市、区）215 个。

3.5.2　全国有机产品产地环境适宜性区域分布的基地验证

用全国有机产品产地环境适宜性区域研究结果，对 2011～2015 年有机示范创建区进行验证，示范区共计 54 家，分布在 21 个省（自治区、直辖市），处于适宜等级的县（市、区），为 42 个，尚适宜等级的 12 个，无不适宜等级。本书的 7 个示范基地中，6 个为适宜等级，1 个为尚适宜等级，无不适宜等级。初步证明有机

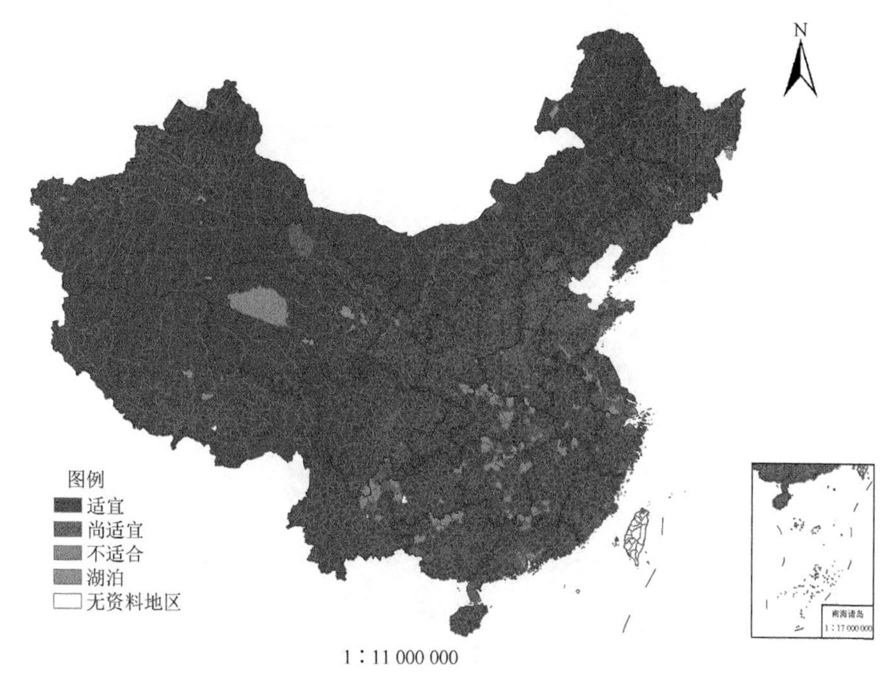

图 3-2　全国有机产品产地污染风险适宜性区域分布示意图

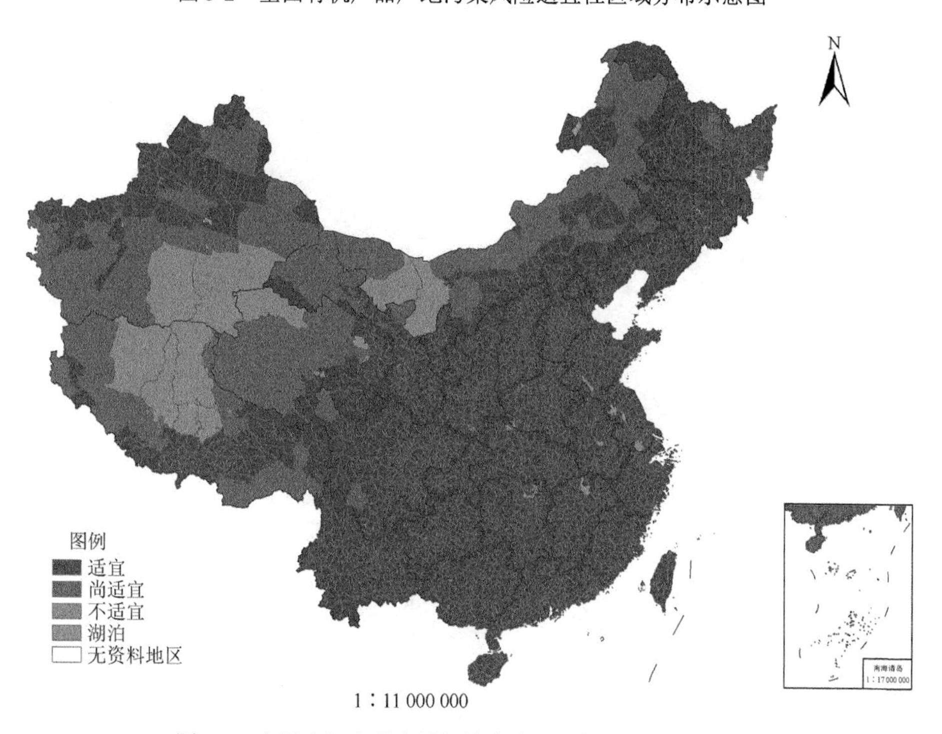

图 3-3　全国有机产品产地经济生产适宜性区域分布示意图

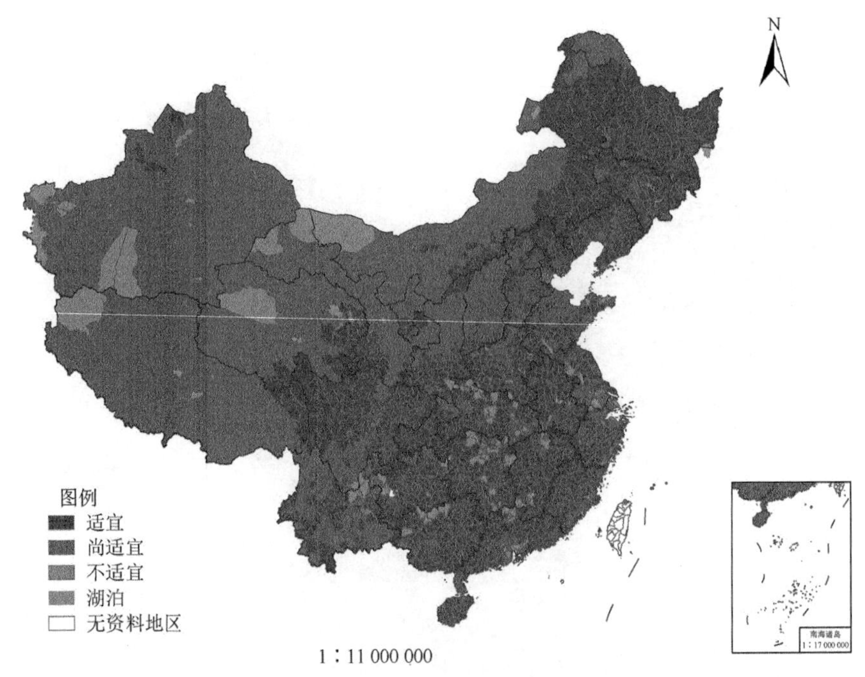

图 3-4　全国有机产品产地自然环境与污染风险适宜性区域分布示意图

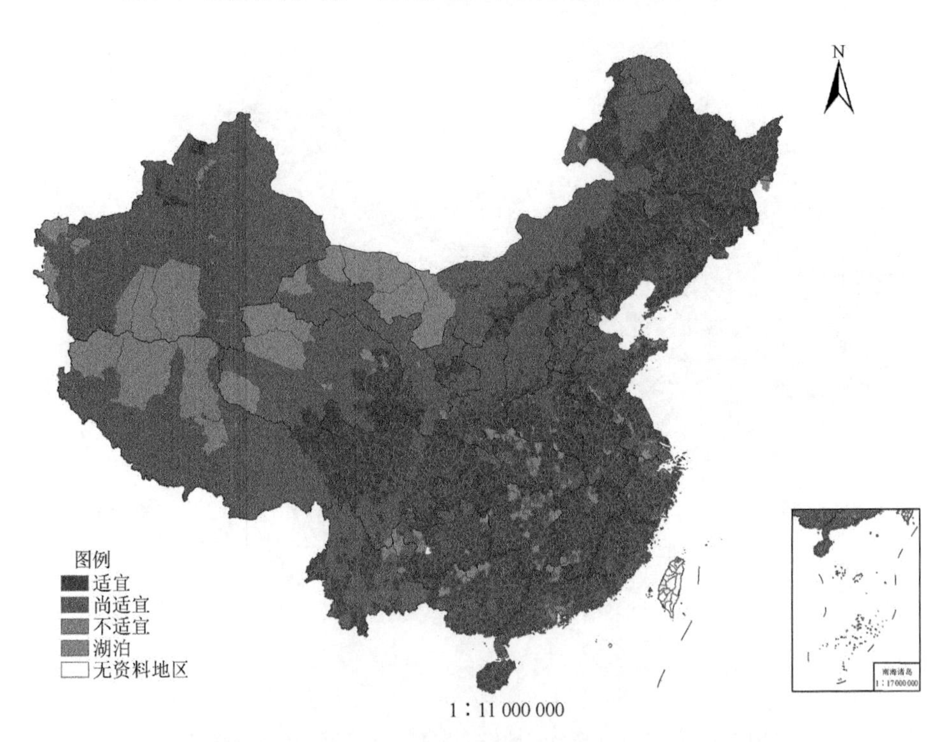

图 3-5　全国有机产品产地环境适宜性区域分布示意图（见彩图）

产品产地环境适宜性区域评价的模型分析与实际结果是相符合的。

3.5.3　我国有机种植业区域分布状况与特色分析

经过十几年的发展，我国有机产品生产已经形成一定的区域特色，结合农业部发布的《特色农产品区域布局规划（2013—2020 年）》中对特色蔬菜、水果、饮品（茶桑）、特色草食畜的区域规划，通过研究分析全国有机产品产地环境适宜性区域分布，进一步加强和有计划地规划有机产品的区域特色发展。

有机产品目前的区域分布主要基于现有生产基础和生产规模，自然条件好、农业发达地区发展较好，在自然条件较差、偏远地区如青藏高原，目前有机产品规模还比较小。这与自然环境适宜性分析、经济生产适宜性分析的结果相一致。各省（自治区、直辖市）种植类有机证书状况见表 3-8。从各地区种植类证书占种植类证书总数的比例区域分布来看（图 3-6），东北地区是我国最大的商品粮基地，而东北（黑吉辽及内蒙古自治区东部三市一盟）的粮食产品（含有机饲料，下同）为主体，占 76%。华北地区（冀鲁豫）的蔬菜和果品（水果和坚果类，下同）分别为 24%和 37%，粮食占 26%，有机蔬菜基地比例，华北地区最高，因此华北地区是蔬菜和果品的重要产区。西北地区（含青藏区），由于西藏、青海比较落后，有机产品产地发展较少，这里的统计数据主要体现的是新疆、内蒙古西部和陕甘宁地区，果品比例最高，达 50%，粮食产品占 17%，这一地区可发展为我国有机牧业产品和北方果品如葡萄等的重要产区。中部和东南沿海地区：茶叶占有较大比例，为 33%～34%；西南区（云贵川）：粮食占 42%，果品占 24%，茶叶 15%。因此，西部和中部是我国有机茶叶的主产区。

表 3-8　各省（自治区、直辖市）种植类有机证书状况（截至 2014 年 11 月底）

省（自治区、直辖市）	种植类有机证书数量/个	省（自治区、直辖市）	种植类有机证书数量/个	省（自治区、直辖市）	种植类有机证书数量/个
黑龙江	701	河北	206	福建	216
四川	518	湖北	177	重庆	79
贵州	515	山西	176	上海	62
山东	510	陕西	165	宁夏	44
浙江	378	安徽	164	甘肃	31
辽宁	299	云南	152	海南	20
江苏	284	江西	150	天津	17
吉林	283	河南	145	西藏	7
新疆	273	广西	141	青海	6
北京	261	湖南	86		
内蒙古	245	广东	232		

注：有机认证证书数据截至 2014 年 11 月底，有机产品有效证书 10332 个，其中有机种植类 6543 个。未统计香港、澳门、台湾有机证书数量。

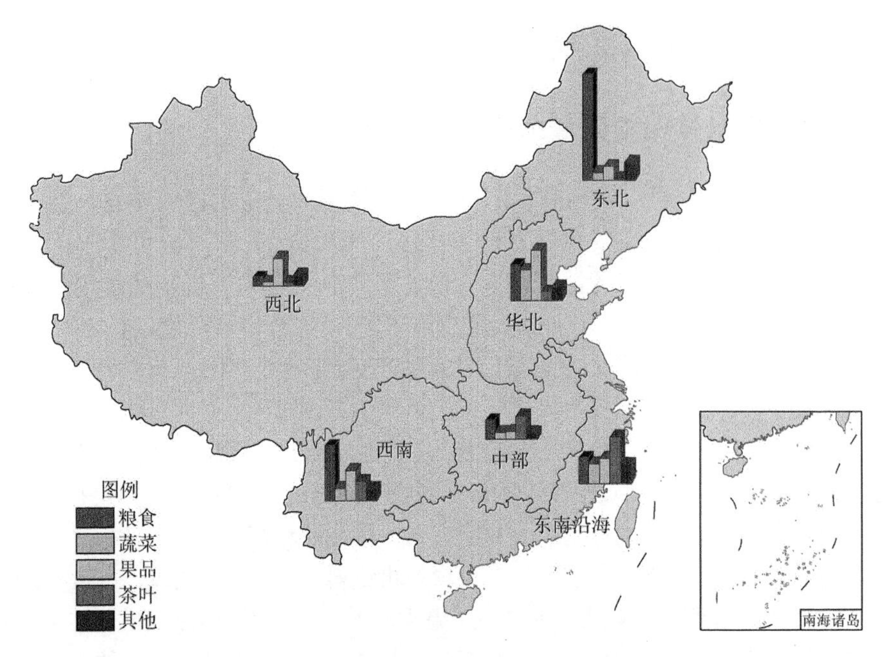

图 3-6　各地区认证的种植类有机产品分布特征图

此外，畜禽养殖有机产品证书（表 3-9）最多的四个省（自治区）分别为：内蒙古、新疆（以牛羊为主）、四川、山东（以猪、牛、禽类为主）。因此，对这些地区的草食畜有机生产，如牛、羊的放、养殖及猪的养殖，应作为有机产品产地规划对象。

表 3-9　各省（自治区）畜禽养殖有机证书状况（截至 2014 年 11 月底）

省（自治区）	养殖类证书数量/个
四川	125
山东	61
内蒙古	59
新疆	54

3.5.4　我国有机产品产地适宜性区域评价结果的应用建议

根据本书的分析结果，总体上我国中东部和东北地区自然条件较好，适宜面积较大，不适宜风险较高的区域主要在大城市周边和工矿区。基于现有生产基础和国家相应的特色农产品规划，华北地区目前蔬菜比例全国最高，水果生产量也很高，该区自然条件较好，可以重点发展蔬菜和可再加工的水果产品的有机生产。西南和东南地区适合推动有机饮品的基地建设，如有机茶基地等；西北和青藏高原地区，自然条件有制约，尚适宜地区相对多，从保护生态的角度出发，适合发展牧业和节水类果品生产，如牛羊放牧、养殖，葡萄和坚果类的生产。

在有机产品认证和产地规划方面，本书研究结果可以作为部门发展规划的参考依据，便于规划形成有区域特色的、达到相应规模的有机生产基地，避免选择生产条件差的地区，以免造成产品质量差而效益低，更要避免污染风险高的地区，以保证生产高质量的有机产品。

适宜性分区评价应该是一个动态的过程，需要不断更新。一则污染风险的场地会有增减，如土壤污染农田、污染湖泊等水域、城区、工矿区会有变化，风险区域的评价需要适时更新；再则地区耕地规模、特别是各地基础设施建设日新月异，交通状况变化较大，评价等级也应适时更新。

参 考 文 献

陈海生，刘国顺，刘大双，等. 2009. GIS 支持下的河南省烟草生态适宜性综合评价. 中国农业科学，42(7)：2425-2433.

陈士林. 2017. 中国药材产地生态适宜性区划. 2 版. 北京：科学出版社.

郭祥，范建容，朱万泽. 2010. 基于 GIS 的四川省油橄榄生态适宜性模糊综合评价. 生态学杂志，29（3）：586-591.

金志凤，邓睿，黄敬峰. 2008. 基于 GIS 的浙江杨梅种植区划. 农业工程学报，24（8）：214-218.

金志凤，黄敬峰，李波，等. 2011. 基于 GIS 及气候-土壤-地形因子的浙江省茶树栽培适宜性评价. 农业工程学报，27（3）：231-236.

刘少军，周广胜，房世波. 2015. 中国橡胶树种植气候适宜性区划. 中国农业科学，48（12）：2335-2345.

石淑芹，陈佑启，李正国，等. 2011. 基于空间插值分析的指标空间化及吉林省玉米种植区划研究.地理科学，31（4）：408-414.

王莹，陈玉成，李章平. 2012. 我国城市土壤重金属的污染格局分析. 环境化学，（6）：763-770.

游娟，潘瑜春，陈柏松，等. 2010. 基于 GIS 的绿色农产品基地适宜性评价. 农业工程学报，26（10）：325-330，391.

张骁勇. 2012. 尤溪铅锌矿区重金属的迁移和分布研究. 福州：福州农林大学.

第 4 章　有机种植生产环境适宜性研究与优势区域划分

蔬菜、茶叶、水果是消费者普遍关注的有机农产品。以蔬菜、茶叶、葡萄为研究对象，开展有机种植生产环境适宜性研究，并绘制农产品优势区域分布图，不仅有利于引导有机生产者更好地管理农业生产，更有助于引导相关产业发展的布局，同时为国家监管部门在产品风险控制和风险预警方面提供理论依据。

4.1　蔬菜有机生产环境适宜性研究与优势区域划分

4.1.1　蔬菜有机生产优势区域划分指标及计算方法

在对所有参数进行计算的基础上，再分别将各参数分为三级即适宜、尚适宜和不适宜。优势区域对应适宜区域，即在该类型区域开展有机蔬菜种植的可能性最大；尚适宜区域可开展有机蔬菜种植，但需要小心谨慎，发展速度不能过快；不适宜区域并不是不能发展有机蔬菜种植，只是在小范围内谨慎进行有机蔬菜生产。有机蔬菜优势区域引入三个参数，各个参数内涵及计算方法如下所述。

1. 农药指数

农药作为蔬菜生产的重要生产资料，可保证蔬菜高产稳产；但有机蔬菜生产时，农药属于限制性生产资料，蔬菜产品质量监测也以农药残留监测为主，鉴于农药种类繁杂，统计中难以区分，为此选用农药指数来表示区域农药施用状况。农药指数可用式（4-1）进行计算，农药指数（PI）分级见表 4-1。

$$农药指数 = 100 - 农药归一化系数 \times 区域单位蔬菜播种面积每年农药施用量 \tag{4-1}$$

式中，农药归一化系数是对农药施用数据进行无量纲化处理的系数，取区域单位蔬菜播种面积每年农药施用量数据中最大值的倒数的 100 倍，即

$$农药归一化系数 = 100/A_{最大值} \tag{4-2}$$

式中，$A_{最大值}$为区域单位蔬菜播种面积每年农药施用量归一化处理前的最大值。

表 4-1　农药指数（PI）分级表

指数	PI≥90	60≤PI<90	PI<60
评价结果	适宜	尚适宜	不适宜

根据 2011 年全国农业统计数据，农药归一化系数的参考值定为 0.56。

2. 区域蔬菜播种面积指数

蔬菜播种面积不仅代表区域蔬菜的生产实际情况，也是开展大面积有机蔬菜生产、提高生产效益的基础。我国区域蔬菜生产条件及蔬菜生产水平存在较大差异，为此本书根据多年 1 月平均气温（<–8℃）（基本和长城走向一致并延伸到西藏），分区域评价蔬菜生产实际情况，见表 4-2。

表 4-2　区域蔬菜播种面积分级表

区域	省（自治区、直辖市）	县域播种面积判断标准/万亩	评价结果
西南、西北和东北区域	黑龙江、辽宁、吉林、内蒙古、新疆、宁夏、甘肃、青海、陕西、西藏、贵州	>5	适宜
		2～5	尚适宜
		<2	不适宜
上述区域外的其他区域	除上述省（自治区）外的其他省（自治区、直辖市）	>10	适宜
		4～10	尚适宜
		<4	不适宜

3. 区域农业生产基础设施参数

蔬菜种植需要较多的水资源量，良好的农田水利基础设施是满足有机蔬菜生产水分需求的重要条件，本书应用农田灌溉面积占总耕地面积的比值衡量区域农田水利基础设施情况，见表 4-3。

表 4-3　区域农业生产基础设施分级表

农田灌溉面积/耕地面积	>0.6	0.2～0.6	<0.2
级别	适宜	尚适宜	不适宜

4.1.2　全国蔬菜有机生产优势区域划分

蔬菜有机生产产地适宜性区域划分方法采用叠图法。

根据《区域特色有机产品生产优势产地评价技术指南》（RB/T 170—2018），首先完成产地环境适宜性底图，其次在底图上依次叠加蔬菜播种面积指数、农药指数、农业基础设施指数等指数图件。

叠图法所用的规则是：底图若为“不适宜或者尚适宜”图斑，则采用底图图斑，若底图为“适宜”图斑，则采用非底图图斑，多次叠加，以此类推。

叠加后图斑为“适宜”的，确定为有机蔬菜优势生产区域。

图 4-1～图 4-5 依次为基于蔬菜播种面积指数、农药指数、农业生产基础设施指数、蔬菜播种面积指数 + 农药指数、蔬菜播种面积指数 + 农药指数 + 农业生产基础设施指数的全国有机蔬菜优势生产区域分布示意图。不同图层叠加后有机蔬菜优势生产区域的县（市、区）数量统计结果见表 4-4。

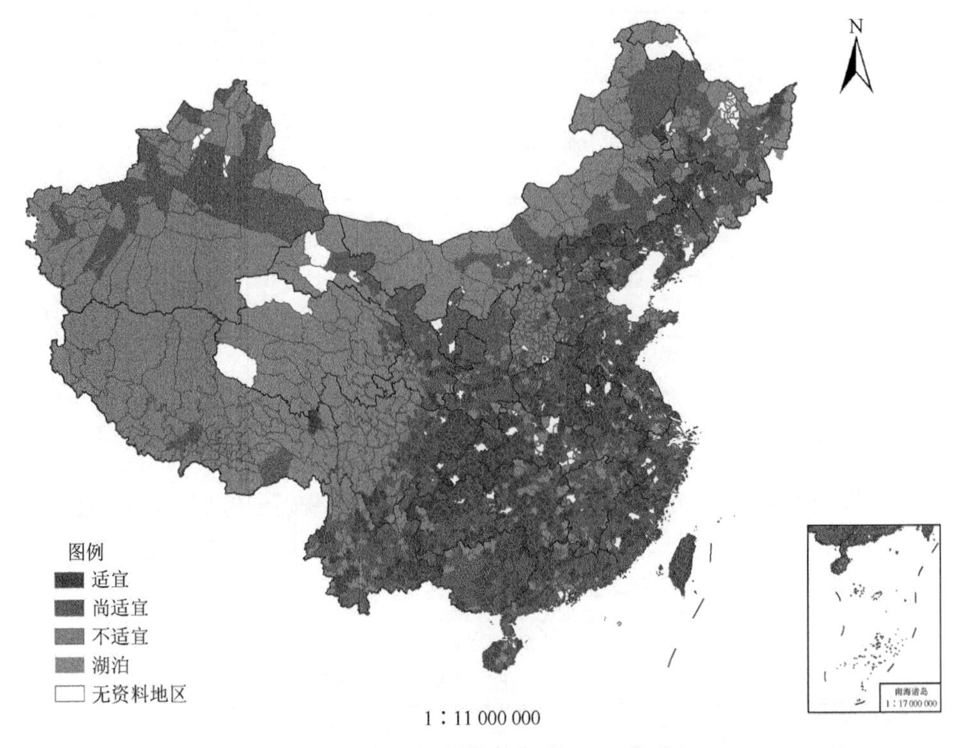

图 4-1　基于蔬菜播种面积指数的全国有机蔬菜优势区域分布示意图

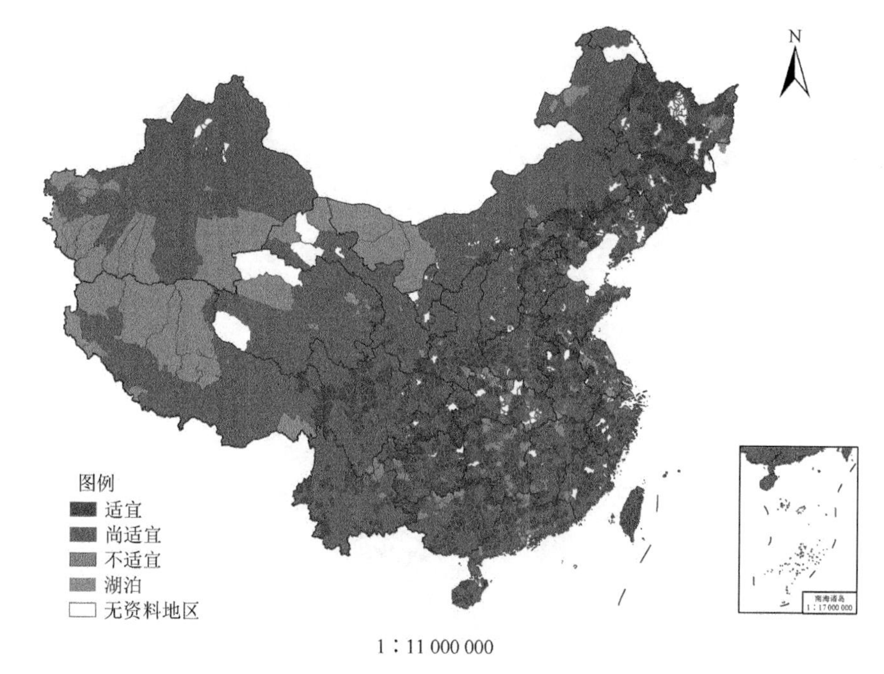

图 4-2　基于农药指数的全国有机蔬菜优势区域分布示意图

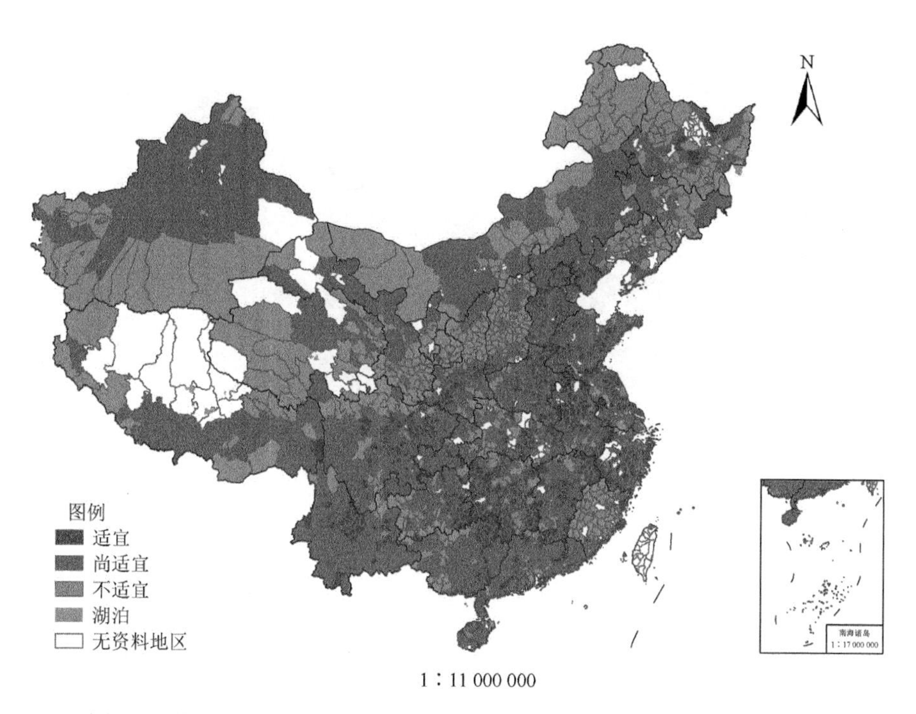

图 4-3　基于农业生产基础设施指数的全国有机蔬菜优势区域分布示意图

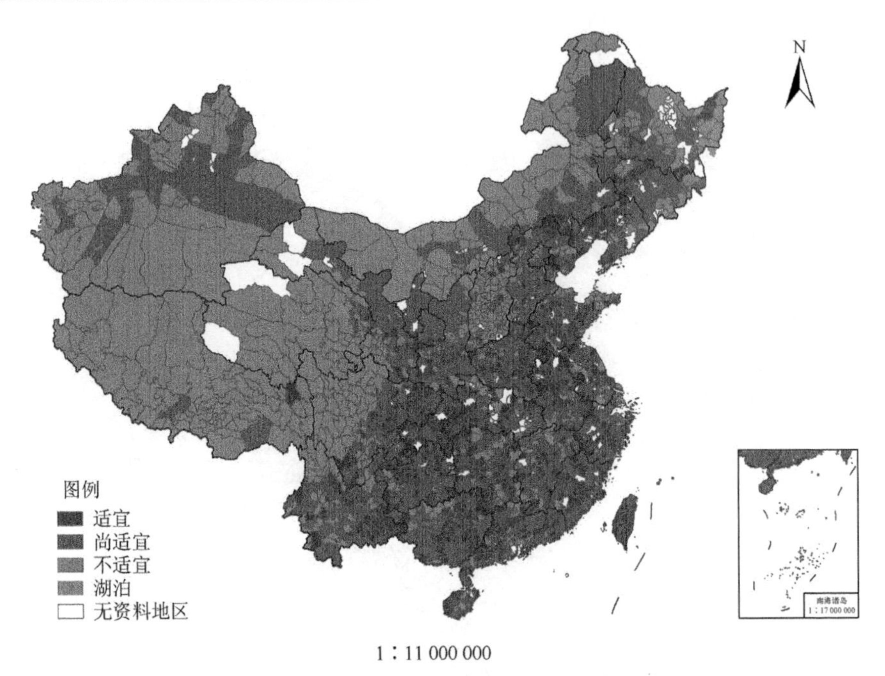

图 4-4　基于蔬菜播种面积指数 + 农药指数的全国有机蔬菜优势区域分布示意图

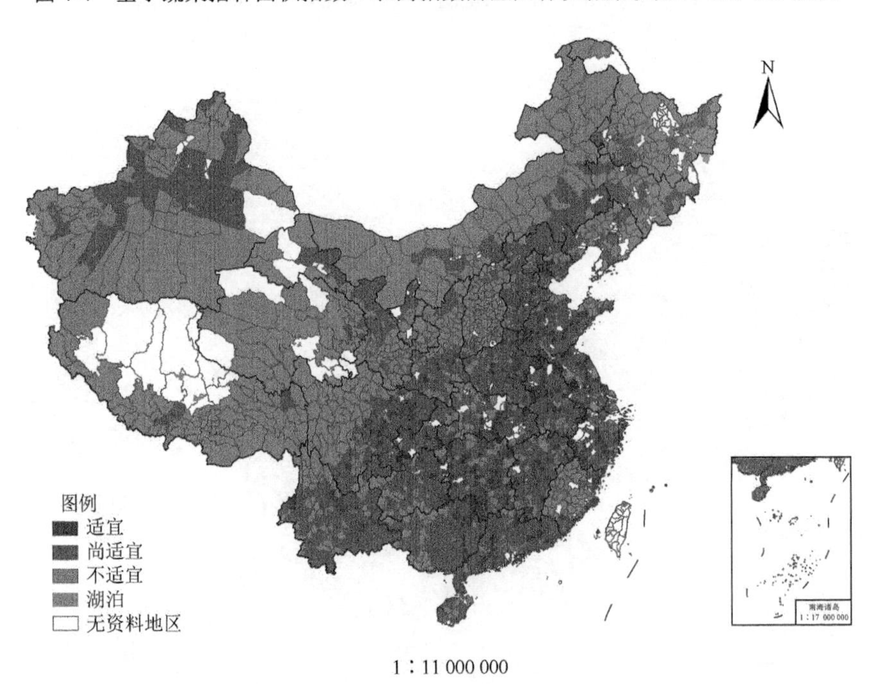

图 4-5　基于蔬菜播种面积指数 + 农药指数 + 农业生产基础设施指数的全国有机蔬菜优势区域分布示意图（见彩图）

表 4-4　不同图层叠加的有机蔬菜生产优势区域数目比较

	蔬菜播种面积指数	农药指数	农业生产基础设施指数	蔬菜播种面积＋农药指数	蔬菜播种面积＋农药指数＋农业生产基础设施指数
优势县（市、区）个数/个	847	1227	767	667	398

注：数据不包括香港、澳门和台湾地区。

4.2　茶叶有机生产环境适宜性研究与优势区域划分

4.2.1　茶叶有机生产产地环境适宜性评价指标体系

针对影响茶叶产地环境质量及茶叶生产过程的多重因子，分别建立自然适宜性、污染风险性、经济生产适宜性三层评价指标体系，将生态环境质量指数（EI）、污染超标状况、县域植茶面积、茶叶生产企业规模等，以及环境要素列入指标体系进行评价。结合我国茶叶生产历史、特色茶叶品种等，以自然因子、风险因子、生态经济因子构成我国茶叶适宜区域及优势区域评价指标体系。

1. 自然适宜性

茶叶产地的生态环境质量是影响茶叶品质的首要因素（舒庆龄和赵和涛，1990）。综合分析茶树的生长习性、立地条件，确定茶树生长的主要环境影响因子，赋值各项因子权重，采用生态环境质量指数评价茶叶产地的生态环境状况（表 4-5）。

表 4-5　EI 各项评价指标及权重

指标	生物丰度指数	植被覆盖指数	水网密度指数	土地胁迫指数	污染负荷指数	环境限制指数
权重	0.35	0.25	0.15	0.15	0.10	约束性指标

EI 计算方法：EI = 0.35×生物丰度指数＋0.25×植被覆盖指数＋0.15×水网密度指数−0.15×土地胁迫指数−0.1×污染负荷指数−X×环境限制指数

以全国生态环境质量评价结果为依据，在四大茶区内划分出适宜、尚适宜和不适宜分布区域，茶叶产地生态环境质量指数分级见表 4-6。

表 4-6　茶叶产地生态环境质量指数分级

指数	EI≥75	55≤EI＜75	EI＜55
评价结果	适宜	尚适宜	不适宜

2. 污染风险性

影响茶叶生产的风险因素（如土壤重金属超标、农药残留含量超标等），在茶叶生产的适宜性区域中也应当被剔除。调查区域水质、土壤、空气环境质量数据，明确影响有机茶品质的环境风险因素（吴新民和雷元胜，2004）。依据《区域特色有机产品生产优势产地评价技术指南》（RB/T 170—2018）和影响茶叶生产及发展的条件，考虑环境适宜性的风险因素（如农药指数指标、重金属指标、污染曝光指标）并做剔除，进一步获得基于污染风险性评价的有机茶叶产地环境适宜性区域评价结果。

在环境适宜性评价过程中，使用多因素叠加分析的方法，将区域植物适宜性指数、道路密度评价指数、农药及有机肥施用指数、区域污染风险评价指数等指标作为综合评价依据；再根据区域内出现的严重影响茶叶生产和茶叶质量安全事项，如环境污染和突发的种植质量安全事件等，对有机茶叶产地环境适宜性区域进行调整。

1）我国不同茶区茶叶中重金属元素分析

对我国不同地区、不同品种的 18 个茶叶样品进行测试分析，测试结果如表 4-7 所示。调查范围中的茶叶样品的 As、Cd、Cr、Cu、Ni、Pb、Sn 和 Zn 等各项重金属含量均未超出标准限值。针对同一地区、不同加工工艺的茶叶样本，研究发现，云南南糯山（普洱熟茶）中的重金属含量显著高于云南南糯山（普洱生茶）；对于福建铁观音样品，进行多次烘焙的铁观音中各项重金属含量显著高于未经烘焙工艺生产的铁观音。

武夷山土壤中含有较高的稀土元素，并且茶叶管理过程中施用较多肥料，这导致茶叶中稀土元素含量较高甚至出现超标现象。乌龙茶的加工技术融合了其他茶叶品种的加工工艺，其制作工艺概括起来可分为：萎凋、做青、炒青、揉捻、干燥。在茶叶的烘焙过程中，很有可能造成重金属元素被活化，从而导致茶叶的重金属含量高。

表 4-7　全国茶叶样品污染元素分析结果　（单位：mg/kg）

茶叶样品	As	Cd	Cr	Cu	Ni	Pd	Sn	Zn
云南古树红茶	1.24	0.41	1.31	2.86	1.24	0.66	—	25.68
云南滇红	0.85	—	0.67	4.48	2.04	0.47	0.57	48.86
云南普洱沱茶	1.43	0.45	4.09	5.07	1.94	1.15	0.08	69.81
云南雪山古茶	0.48	—	1.75	1.69	2.39	0.75	0.10	29.66
云南南糯山（普洱生茶）	0.03	0.06	1.14	13.40	3.55	—	0.39	42.43
云南南糯山（普洱熟茶）	0.47	0.06	1.41	18.64	5.32	1.16	—	33.94

续表

茶叶样品	As	Cd	Cr	Cu	Ni	Pd	Sn	Zn
苏州光福绿茶	0.23	0.04	1.54	10.20	9.30	0.29	0.21	48.25
苏州西山碧螺春	—	0.03	1.88	9.64	6.52	0.22	0.55	42.20
宜兴芙蓉绿茶	—	0.03	1.04	9.41	5.28	—	0.30	41.94
福建铁观音（毛茶）	—	0.06	0.70	7.87	1.85	0.49	0.13	9.24
福建铁观音（生茶）	0.44	0.04	1.26	4.67	1.26	0.11	0.24	14.43
福建铁观音（多次烘焙）	—	0.07	2.50	5.81	1.66	0.67	0.71	20.34
福建清风涧大红袍	1.29	0.05	0.42	2.80	1.09	1.10	—	61.31
福建八马铁观音	0.52	—	0.91	2.08	0.78	0.74	0.68	37.20
安吉横山自然村白茶	0.57	0.03	1.09	5.87	1.69	1.22	0.26	12.66
富阳拔山村白茶	0.13	0.03	0.85	6.70	2.90	0.31	0.04	11.62
开化马金龙顶	0.05	—	6.57	3.37	1.47	0.21	1.02	50.86
西湖狮峰龙井	0.20	0.04	2.17	9.77	6.52	0.37	0.83	48.78

注：“—”表示未检出。

2）中国茶叶样品农药残留检出整体状况

根据绿色和平组织《2016 年中国茶叶农药调查》报告，在 2016 年随机抽查测试的 26 个茶叶样品中，共有 9 个未检出任何农药残留（35%），其中 6 个生态茶样品全部未检出农药残留（表 4-8）。所有样品共测出农药 45 种。3 个样品（占常规茶样品 15%）未检出农药残留。17 个样品（占常规茶样品 85%）含有 4～26 种混合农药残留。12 个样品（占常规茶样品 60%）检测出国家禁用或禁止在茶树上使用的农药，包括氰戊菊酯、克百威、氟虫腈、硫丹和灭多威。1 个样品御青绿茶（御青 90571，一级）检测出茶树上禁用农药灭多威且超过国家标准 1.7 倍。

表 4-8　2016 年抽样调查中常规茶和生态茶农药残留检测情况对比

样品数	常规茶	生态茶
样品数/个	20	6
检出农药残留样品数（率）	17（85%）	0（0%）
检出违禁农药样品数（率）	12（60%）	0（0%）
检出高毒农药样品数（率）	9（45%）	0（0%）

3. 经济生产适宜性

茶叶生产是一项系统工程，需要依靠一定的资金，以及固定的生产、管理模式来运行。目前我国的茶叶生产管理模式日趋统一化，大多采取“公司＋基地＋农户”和茶叶专业合作社等集约化生产经营的模式，将广大小农户茶农组织起来，扩大规模，形成区域效应。对于我国茶叶生产优势区域的划分，需要考虑不同茶区的生产、经济、文化、社会状况，明确茶叶产地的整体优势，分析茶业的组织化和规模化程度，因地制宜地组建茶叶生产模式，实现高产、生态建设与茶业发展的共赢（封槐松，2006）。全面推广茶叶标准化生产，加强初制茶厂改造与加工环境整治，确保茶叶优质安全，推动茶叶生产企业整合品牌，形成茶业聚集（鲁成银，2014）。

4.2.2　全国茶叶有机生产优势区域划分

建立自然适宜性、污染风险性、经济生产适宜性三层评价指标体系，将环境要素、EI、生态文明建设示范县市创建、县域有机认证企业数量等列入指标体系，根据评价模型，初步完成不同茶区自然因子评价、矿区等污染区域评价和生态经济评价，对有机茶生产优势区域划分和有机茶基地建设具有指导意义。

（1）根据《茶经》等茶叶相关古籍，统计我国野生大茶树分布县市，绘制我国古代产茶区分布图，即为我国茶叶原产地分布示意图（图 4-6）；

（2）统计我国四大茶区各县市的茶叶种植面积（植茶面积大于 5000 亩的为优势区域，再进一步以 EI 划分适宜、尚适宜和不适宜区域），即为我国南方茶区生态环境适宜性评价图（图 4-7）和基于茶叶生产规模的全国茶叶优势区域分布示意图（图 4-8）；

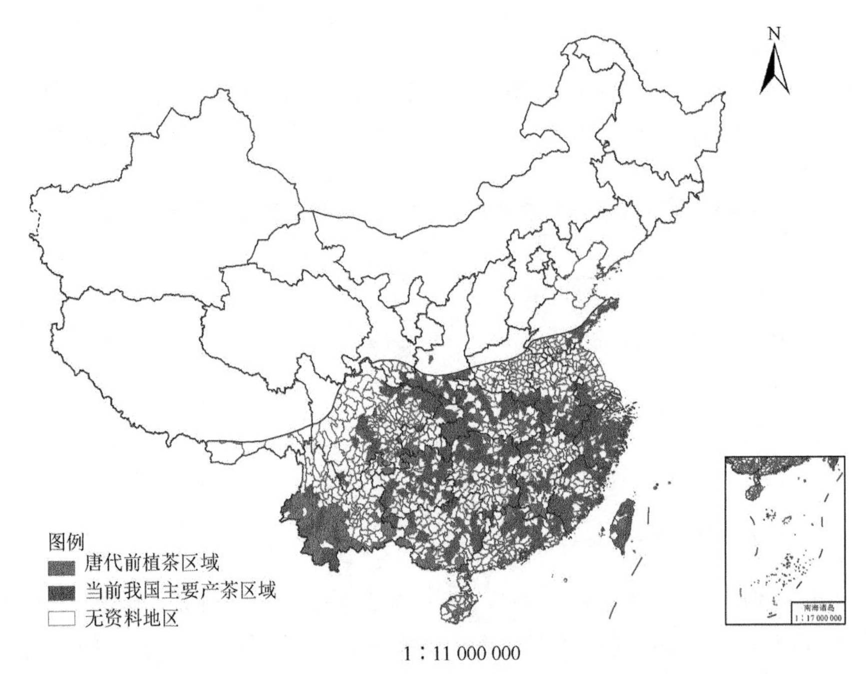

图 4-6　我国茶叶原产地分布示意图

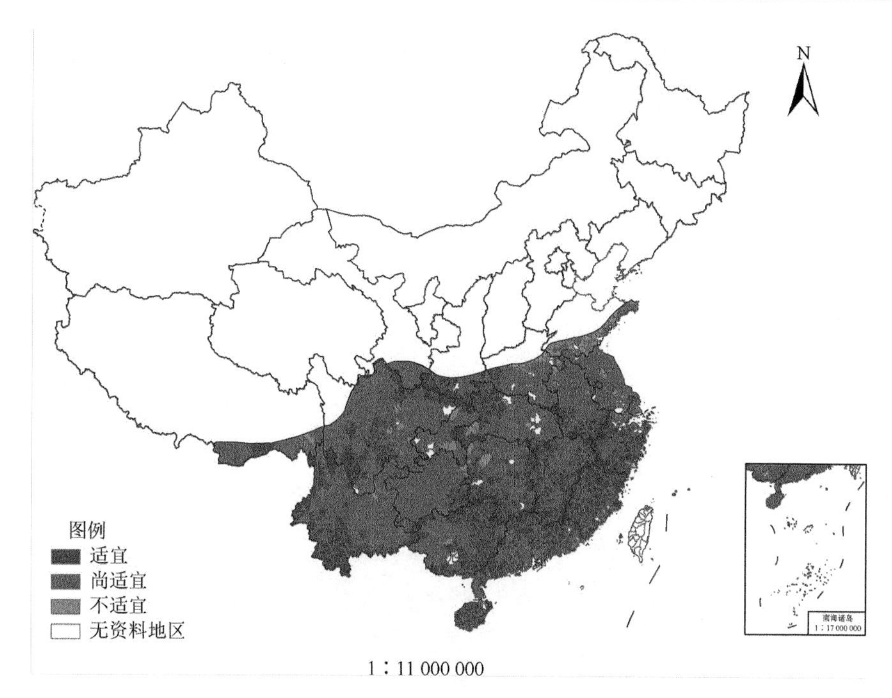

图 4-7　我国南方茶区生态环境适宜性评价图（见彩图）

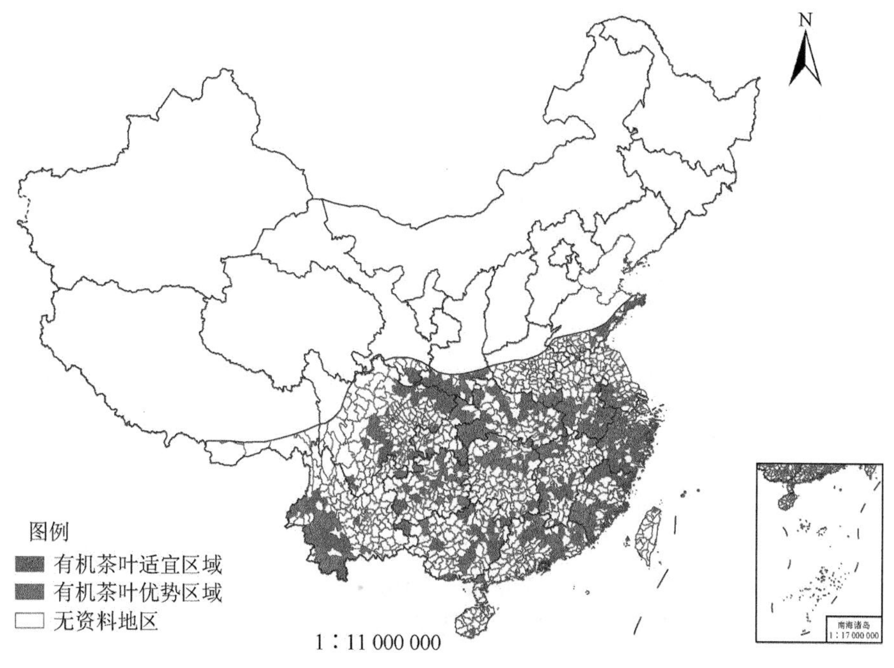

图 4-8　基于茶叶生产规模的全国茶叶优势区域分布示意图

（3）根据茶叶品种，在我国四大茶区中进行分类，绘制基于茶叶品种的全国有机茶叶品种特色区域分布示意图（图 4-9）。

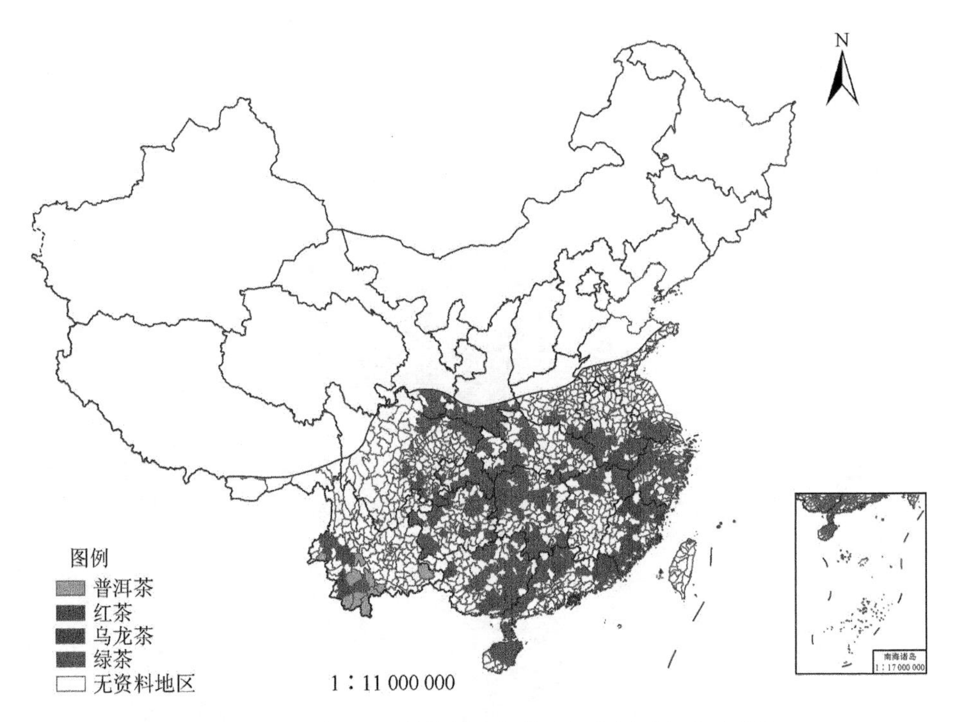

图 4-9　基于茶叶品种的全国有机茶叶特色区域分布示意图

4.3　葡萄有机生产环境适宜性研究与优势区域划分

4.3.1　葡萄生物学适宜性

生态条件是影响酿酒葡萄品质的首要因素，其中光照、积温、平均温度、降雨量、无霜期、干燥度（DI）等对葡萄品质的形成起着决定性的作用（王秀芹等，2006）。葡萄生长季（4～9 月）的干燥度大于 3.5 时，在有灌溉条件下可以获得较好的葡萄品质；采前 2 个月（7～9 月），成熟期水热系数 K＜1.5。葡萄酒质量最优年份的年有效积温＜1800℃，年日照时数＞2000h；果实成熟期月降水量不超过 100mm 或旬降水不超过 30mm（李华等，2010）。

葡萄对土壤的适应性较强，除了沼泽地和重盐碱土不适宜生长外，其余各类型土壤都能栽培，而以肥沃的沙壤土最为适宜。葡萄园土层厚度一般以 80～100cm 及 100cm 以上为宜，在 pH 6.0～6.5 的微酸性环境中生长较好。

4.3.2　我国葡萄主产区

在中国北纬 25°～45°广阔的地域里，分布着各具特色的葡萄酒产地，但由于葡萄生长需要特定的生态环境和地区经济发达程度的差异，这些产地的规模较小，较分散，多数在中国东部。根据《特色农产品区域布局规划（2013—2020 年）》，全国葡萄种植区域共计 25 省 175 县（市、区），全国葡萄种植区域划分见图 4-10，主要葡萄产地的分布如下所述（邓明红，2010；李巍，2010）。

东北产区。包括北纬 45°以南的长白山麓和东北平原。年活动积温（≥10℃）2567～2779℃，年降水量 635～679mm，土壤为黑钙土，较肥沃。

胶东半岛产区。包括山东半岛北部丘陵和大泽山。三面环海，气候良好，四季分明，由于受海洋的影响，与同纬度的内陆相比，气候温和，夏无酷暑、冬无严寒。半岛年平均气温 12.0～12.6℃，年降水量在 676.4mm 左右，年日照时数多达 2834.43h。

昌黎产区。河北省东北部。属东部季风区暖温带，半湿润大陆性气候，四季分明。日照、降水量、昼夜温差、无霜期等都有与法国的葡萄酒产地波尔多极为相近。它东临渤海，北依燕山，西南挟滦河，受山海河的影响，形成了独特的区域性特点，年有效积温在 3940℃以上，年降水量 725mm，年日照时数 2600～2800h，昼夜平均温差为 12℃。土壤为砾石和沙质地，葡萄的含糖量高，挂果时间长，采收期较迟，适宜赤霞珠、梅鹿辄等酿酒葡萄的栽培。

沙城产区。包括宣化、涿鹿、怀来。地处长城以北，光照充足，热量适中。昼夜温差大，夏季凉爽，气候干燥，雨量偏少，年活动积温 3532℃，年降水量 413mm，土壤为褐土，质地偏沙，多丘陵山地，十分适于葡萄的生长。龙眼和牛奶葡萄是这里的特产，近年来已推广赤霞珠、梅鹿辄等世界酿酒名种。

天津产区。在蓟州区、汉沽等地，为渤海湾半湿润区，有效积温 2000～3000℃，活动积温 3700～4200℃，年降水量 500～600mm，最暖月平均气温 25～26℃。滨海气候有利于色泽及香气形成，玫瑰香品质最为突出。土质为稍黏重的滨海盐碱土壤，矿质营养丰富，有利于香气形成和色泽形成。蓟州区东部山区及其东北部的遵化、迁西、兴隆山区气温明显降低，晚熟及极晚熟品种成熟期可较平原推迟 10d 左右，光照充足，微风习习，土壤多为富含砾石、钙质、透气良好的壤土或沙壤土，是生产优质干红、干白葡萄品种的良好基地。

清徐产区。包括汾阳、榆次和清徐的晋西北山区，气候温凉，光照充足，年活动积温 3000～3500℃，年降水量 445mm，土壤为壤土、砂壤土，含砾石。葡萄栽培在山区，着色极深。

宁夏产区。包括沿贺兰山东麓广阔的冲积平原，这里天气干旱，昼夜温差大，年活动积温 3298～3351℃，年降水量 180～200mm，土壤为沙壤土，含砾石，土层 30～100mm。这里是西北新开发的最大的酿酒葡萄基地，主栽世界酿酒品种赤霞珠、梅鹿辄。

甘肃武威产区。包括武威、民勤、古浪、张掖等位于腾格里大沙漠边缘的县市，也是中国丝绸之路上的一个新兴的葡萄酒产地。气候冷凉干燥，年活动积温 2800～3000℃，年降水量 110mm，由于热量不足，冬季寒冷，适于早中熟葡萄品种的生长，近年来已发展梅鹿辄、黑皮诺、霞多丽等品种。

新疆产区。包括低于海平面 300m 的吐鲁番盆地的鄯善、红柳河，这里四面环山，热风频繁，夏季温度极高，达 45℃以上，年活动积温 5319℃；雨量稀少，全年仅有 16.4mm。这里是我国无核白葡萄生产和制干基地。

黄河故道产区。包括黄河故道的安徽萧县，河南兰考、民权等县。气候偏热，年活动积温 4000～4590℃，年降水量 800mm 以上。

云南产区。包括云南高原海拔 1500m 的弥勒、东川、永仁和川滇交界处金沙江畔的攀枝花，土壤多为红壤和棕壤。光照充足，热量丰富，降雨适时，在当年的 10 月至第二年的 6 月有一个明显的旱季，年降水量为 329mm（云南弥勒）和 100mm（四川攀枝花），适合酿酒葡萄的生长和成熟。利用旱季这一独特小气候的自然优势栽培欧亚种葡萄已成为西南葡萄栽培的一大特色。

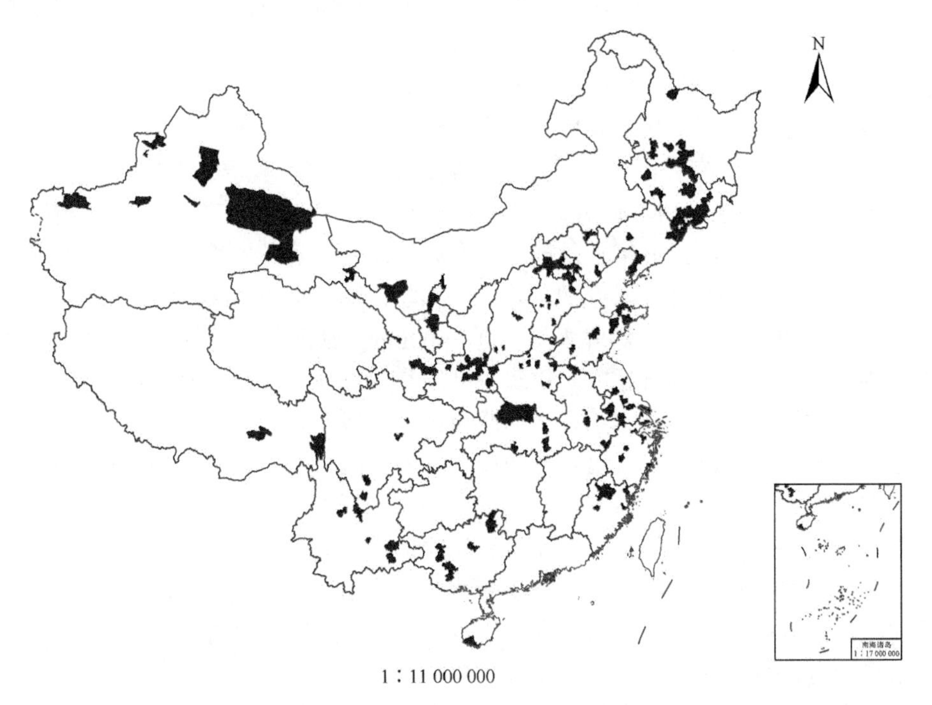

图 4-10　全国葡萄种植区域划分图

其他产区。在中国的主要葡萄酒产区以外，在全国还零星分布着很多酿酒葡萄种植和葡萄酒生产基地，如四川的小金、茂县、九寨沟，广西的永福、罗城、都安，内蒙古的乌海、开鲁、乌兰布和沙漠，陕西的鄠邑、丹凤、榆林、渭北，湖北的黄陂，湖南的澧县等。

4.3.3　葡萄有机生产优势区域划分

以全国范围已形成的葡萄主产区格局作为葡萄区域划分的基础进行葡萄有机生产优势区域划分。通过全国葡萄种植区域划分图与全国有机产品产地自然环境适宜性分布图叠加，生成全国葡萄有机生产优势区域分布示意图（图 4-11）。其中适宜性区域（以县域为单位）123 个、尚适宜 42 个和不适宜 10 个。适宜区域占 70.29%，尚适宜区域占 24.00%，不适宜区域占 5.71%。

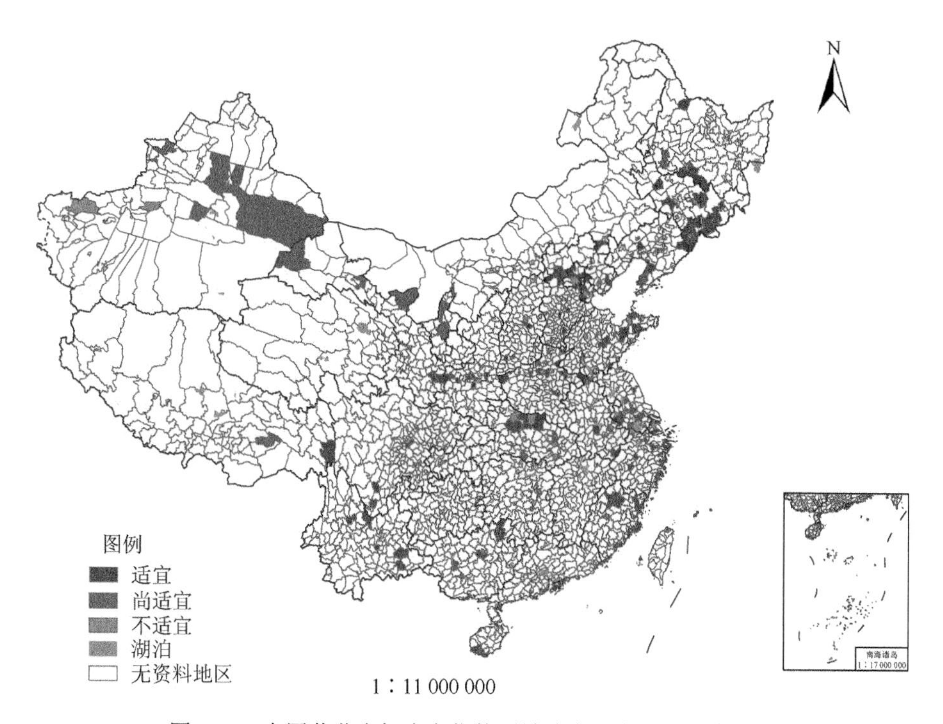

图 4-11　全国葡萄有机生产优势区域分布示意图（见彩图）

参 考 文 献

邓明红. 2010. 中国十大酿酒葡萄产区的区位条件. 中学地理教学参考，(6)：32-33.

封槐松. 2006. 我国茶产业发展与优势区域布局//中华人民共和国农业部. 中国茶产业质量品牌与市场—'06 茶叶质

量安全技术培训暨产业发展论坛文集.
李华，颜雨，宋华红，等. 2010. 甘肃省气候区划及酿酒葡萄品种区划指标. 科技导报，28（7）：68-72.
李巍. 2010. 中国葡萄酒产区划分浅议. 中外葡萄与葡萄酒，（1）：68-72.
鲁成银. 2014. 茶叶标准化生产与品牌建设. 中国茶叶，（6）：18-19.
舒庆龄，赵和涛. 1990. 不同茶园生态环境对茶树生育及茶叶品质的影响. 生态学杂志，（2）：15-19.
王秀芹，陈小波，战吉成，等. 2006. 生态因素对酿酒葡萄和葡萄酒品质的影响. 食品科学，27（12）：791-797.
吴新民，雷元胜. 2004. 有机茶叶生产基地生态环境质量特征分析——以池州天方有机茶生产基地为例. 中国茶叶加工，（2）：3-6.

第 5 章　有机养殖环境适宜性研究与优势区域划分

以奶牛和特色淡水水产为对象，开展有机养殖环境适宜性研究，并绘制奶牛、特色淡水水产养殖优势区域分布图，以引导相关产业发展的布局和有机产品开发的基地选择。

5.1　奶牛有机养殖环境适宜性研究与优势区域划分

5.1.1　奶牛有机养殖优势区域评价的背景

目前，对中国奶牛有机养殖优势区域的研究很少，本书采用专家咨询法和层次分析法确定中国奶牛有机养殖优势区域评价指标的权重，最后利用综合评价模型对优势区域进行研究，但是所选取指标之间的关联性未能准确体现。由于权重是用来描述指标的相对重要程度，是对指标重要程度的一种主观评价和客观反映的综合度量，所以主观因素在评价过程中起到一定的作用，这难以保证评价结果的客观性、一致性和有效性（许力飞，2014）。到目前为止还没有一种较为有效的剔除评价工作中主观随意性的方法。

5.1.2　奶牛有机养殖优势区域评价的原理

农业发展进程中人类与自然环境相互作用。近现代科学的发展赋予了人类强大的改造自然的能力，为农业的发展提供了极大的助力。但是，在这种能力运用的同时也带来一系列的问题，主要表现为以下两个方面：一是农业生态系统内部稳定性遭到破坏，二是农业系统外部环境成本高昂，这都是常规农业外部高投入作业的特点决定的，不因农业技术进步而改变。常规农业这一特点的理论与技术均来自近现代科学的数理实验思维方式，即建立和维持匀质而简单的系统以实现精准的控制。因此，在这样精准的控制下，农业生态系统必然表现出内部系统的单一化及脆弱化，其人为的边界控制必然引起外部环境成本的升高。这两个方面都极大地限制了常规农业的可持续发展。

有机农业作为 20 世纪初出现的与全球范围内环境保护运动一起成长起来的新农业方式，跳出了常规农业的理论与技术窠臼，运用现代生态学原理，结合传统农业理念，创造性地利用现代农业科技成果，为农业的可持续发展提供了一条替代途径。然而，如何能够真正地通过这条途径实现农业可持续发展，仍然是一个艰难的课题。因此，在有机农业理论和实践的探索过程中，我们必须清楚其与常规农业的如下区别：①有机农业继承了科学中的另外一个传统——博物学传统。博物学传统要求有机农业必须尊重并有效利用环境的异质性，而不是和常规农业一样，试图通过各种技术手段将异质的环境做均一化处理，而带来一系列的问题。②数理实验传统和博物学传统是有机地统一在理性主义下为现代科学的发展提供动力的。因此，有机农业是现代科学发展的结晶，必然要坚持理性主义，并结合数理实验传统，而非一味地只注重低级经验。

因此，当我们在进行有机农业产地适宜性研究时，评价体系必然要注重大环境的异质性这一特点，同时，积极有效地利用局部匀质性的特点进行精准的监测。具体到有机养殖优势区域评价可以生命为基础，分为生态、经济和社会三个方面进行评估。

5.1.3 奶牛有机养殖优势区域评价指标选取的原则

奶牛有机养殖优势区域评价是系统性的，在进行评价时，采用一个或者几个指标难以客观全面地评价。国内研究通常采用概率优势分析法、资源禀赋系数分析法、综合比较优势指数法等对奶牛常规养殖的区域优势进行分析，而未考虑生态因素和社会因素（司智陟，2011；于海龙和李秉龙，2012；胡月等，2014）。因此，依据奶牛有机养殖的特点，从不同侧面、不同层次，同时考虑生态因素、经济因素和社会因素，建立一套完整的评价指标体系。评价指标的选取将对评价结果的科学性、准确性有直接的影响。在进行奶牛有机养殖优势区域评价指标选取时，遵循以下原则。

1. 系统性和完整性原则

奶牛有机养殖优势区域的评价需要综合考虑生态环境条件、经济条件、社会条件，因此，评价指标的选取要考虑到所有方面及其内在联系，既要注意指标体系框架的层次性，又要注意指标之间的互斥性和实现上一级目标时的全面性。只有对这些指标予以全面的、系统的综合考量，才能更加全面地体现奶牛有机养殖优势区域。

2. 代表性原则

影响奶牛有机养殖优势区域的指标有很多，且多数不是完全独立的，指标之间存在一定的联系。评价指标应具有代表性，可以有效、全面地体现奶牛有机养殖优势区域的本质特征。因此，选取指标时要选择更具有代表性的指标。

3. 科学性原则

选取指标要有科学依据，指标能量化，具有统计学和经济学意义，能真实反映奶牛有机优势区域评价结果。评价指标的准确性和科学性才能保证奶牛有机养殖优势区域评价结果的可靠性。

4. 易操作性原则

评价指标相关数据来源准确，含义清晰，易获取，是保证数据信息质量的前提，统计年鉴及相关统计资料的数据更具权威性，统计范围更加明确。在奶牛有机养殖优势区域研究中可选取这些相对成熟和公认的指标，并运用这些指标做出分析和判断。

5.1.4　评价指标选取与建立

有机农业在哲学上强调“与自然秩序相和谐”，强调适应自然而不干预自然；在手段上主要依靠自然的土壤和自然的生物循环；在目标上追求生态的协调性、资源利用的有效性、营养供应的充分性。有机农业是传统农业、创新思维和科学技术的结合，它有利于保护我们所共享的生存环境，也有利于促进包括人类在内的世间万物间的公平与和谐共生。有机农业强调农业发展的生态本质，以健康、生态、公平、关爱为原则，尊重生态经济规律，强调生态、经济和社会效益的优化和统一。因此在选取指标时从生态指标、经济指标、社会指标三个指标类进行筛选。

有机农业经济效益与整个农业的经营过程密不可分，以奶牛有机养殖为例，包括有机牛奶的生产、交易、消费，三大指标层组成了经济发展的必要基础，形成一个完整的整体，使每个环节有机地结合在一起，为促进有机农业经济的发展打下良好的基础。有机农业生态效益方面，与生产相对应的是产地的地理气候，地理气候的适宜度对奶牛有机养殖的经济效益有较大的影响；与交易相对应的是产地区位，产地区位的区位优势能够一定程度上影响交易的数量；与消费相对应的是环境成本，消费能力强的地方可以有效地改善生态条件。有机农业社会效益方面，科技能够促进生产效率及生产效益的提高，也能够改善生态环境的质量；政策则可以促进和引导有机牛奶的消费量，同时政策的制定也能影响产地区位；与文化相对应的是消费者的消费习惯，还有对有机牛奶的接受度，能够刺激消费，改善环境成本的影响因素。三个指标类形成优势区域评价体系的整体框架，九个指标层之间存在内在的联系，相互影响。

根据目前所掌握的数据，形成 23 个指标项，并按照每个指标项的特点归类到不同的指标层。依据中国奶牛有机养殖优势区域指标体系的设置框架，本书将奶牛有机养殖优势区域的指标体系设计为 1 个目标层、3 个指标类、9 个指标层和 23 个指标项。这个指标体系包含了能够从不同方面反映影响中国奶牛有机养殖优势区域的各项指标，基本上能比较全面地反映中国奶牛有机养殖优势区域的各个方面。

综上所述，奶牛有机养殖的优势区域评价指标体系见表 5-1。

表 5-1　奶牛有机养殖优势区域研究的评价指标体系

目标层	指标类	指标层	指标项
中国奶牛有机养殖优势区域	生态	地理气候	*D*1 气温（平均气温小于 21℃月数）
			*D*2 湿度（平均相对湿度小于 75%月数）
			*D*3 日照
		生产基础	*D*4 牛奶产量
			*D*5 存栏数
			*D*6 生产总成本
		环境成本	*D*7 可利用草地面积
			*D*8 农作物播种面积
	经济	区位	*D*9 交通区位（分地区货运量）
			*D*10 总人口数
			*D*11 人口比例（城乡比重）
		交易	*D*12 鲜奶需求量（液态奶产量）
			*D*13 液态乳产品销售总额
			*D*14 鲜奶售均价
		消费	*D*15 消费者构成（0～14 岁及 65 岁以上的人数总和）
			*D*16 消费能力（城镇居民可支配收入）
			*D*17 奶类消费额
	社会	科技	*D*18 成本利润率
			*D*19 日均产奶量
			*D*20 配混合饲料产量
		政策	*D*21 乳制品生产企业个数
		文化	*D*22 乳制品占消费支出比
			*D*23 大专以上人数

5.1.5　评价指标的处理及评价方法

1. 评价指标无量纲化处理

由于中国奶牛有机养殖优势区域评价指标体系的各个指标项的计算单位不同，相互之间差异较大，往往无法进行比较，因此，为了使评价指标体系的各项指标能够客观地反映中国奶牛有机养殖优势区域，并消除各项指标量纲上的差异对评价结果带来影响，采用无量纲化处理方法。无量纲化处理是在多指标综合评价中消除指标计量单位上的差异和数量级上的差别，解决指标的可综合性评价问题。先对评价指标确定一个标准值，然后各指标的实际值（X_i）与相应的标准值（X_m）之比，就是经过无量纲化后的评价值 D_i。

在多指标综合评价中，正向指标是指标项的实际值越大越好的指标，实际值越大在评价中起的作用也越大；逆向指标是指标项的实际值越小越好的指标，实际值越大在评价中起的作用却越小；适度指标是指标项的实际值越接近某个值越好的指标。进行综合评价时，必须使指标项同趋势化，一般是将适度指标转化为正向指标，即指标的正向化。本书中，在进行评价比较时，正向指标选择各指标项的最大值为标准值，逆向指标选择各指标项的最小值为标准值，适度指标正向化处理后按照正向指标的方法计算。

适度指标要用式（5-1）进行正向化处理：

$$X_i' = \frac{1}{|X_i - A|} \tag{5-1}$$

正向指标要用式（5-2）进行处理：

$$D_i = \frac{X_i}{X_{\max}} \tag{5-2}$$

逆向指标要用式（5-3）进行处理：

$$D_i = \frac{X_{\min}}{X_i} \tag{5-3}$$

式（5-1）中，X_i' 为正向化数据；X_i 为指标项的实际值；A 为理论最优值。式（5-2）和式（5-3）中，D_i 为指标项 D 中各指标评价值；X_i 为全国各省（自治区、直辖市）该指标项的实际值；$X_{\max}$ 为全国各省（自治区、直辖市）该指标项的最大值；$X_{\min}$ 为全国各省（自治区、直辖市）该指标项的最小值。

各指标的标准值见表 5-2，各地区指标项实际值和标准化评价值见表 5-3

和表 5-4。

表 5-2　各指标项标准值

指标	指标名称	指标标准值
*D*1	平均气温小于 21℃月数/月	12
*D*2	平均相对湿度小于 75%月数/月	12
*D*3	日照/h	3053.5
*D*4	牛奶产量/t	7672986
*D*5	存栏数/万头	229.2
*D*6	生产总成本/(元/头)	14409.9
*D*7	可利用草地面积/千 hm^2	70846.8
*D*8	农作物播种面积/千 hm^2	14378.3
*D*9	交通区位（分地区货运量）/万 t	434298
*D*10	总人口数/万人	10724
*D*11	城乡人口比重/%	89.6
*D*12	鲜奶需求量（液态奶产量）/万 t	274.39
*D*13	液态乳产品销售总额/亿元	5351.7
*D*14	鲜奶售均价/元	4.0383
*D*15	消费者构成（0～14 岁及 65 岁以上的人数总和）/人	23118
*D*16	消费能力（城镇居民可支配收入）/元	43851.4
*D*17	奶类消费额（城镇居民人均乳制品消费支出）/元	494.26
*D*18	成本利润率/%	81.49
*D*19	日均产奶量/kg	30.81
*D*20	配混合饲料产量/万 t	2678.47
*D*21	乳制品生产企业数/个	89
*D*22	乳制品占食品消费支出比/%	7.22
*D*23	大专文化程度以上人数/人	8796

数据来源：《中国奶业年鉴 2014》《中国统计年鉴 2015》《中国农村统计年鉴 2015》《中国农业年鉴 2014》和《全国农产品成本收益资料汇编 2014》。

注：其中 *D*6 为逆向指标，其余为正向指标。

表 5-3　中国各省（自治区、直辖市）指标项实际值

省(自治区、直辖市)	生态						经济											社会					
	地理气候			生产			环境成本		产地区位			交易			消费			科技			政策		文化
	平均气温小于21℃月数/月	平均相对湿度小于75%月数/月	日照/h	牛奶产量/万 t	存栏数/万头	生产总成本/(万元/头)	可利用草地面积/万 hm^2	农作物播种面积/万 hm^2	交通区位/10^7t	总人口数/万人	城乡人口比重/%	鲜奶需求量/万 t	液态乳产品销售总额/亿元	鲜奶售均价/元	消费者年龄构成/人	消费能力/万元	奶类消费额/元	成本利润率/%	日均产奶量/kg	配混合饲料产量/万 t	乳制品生产企业数/个	乳制品占食品消费支出比/%	大专文化程度以上人数/人
北京	7	12	2344.1	61.46	14.40	2.10	33.63	19.61	26.55	2151.6	86.35	55.56	97.49	2.71	3322	4.03	421.05	35.81	30.42	162.61	21	5.59	6420
天津	7	12	2265.6	68.24	15.10	1.88	13.54	47.90	49.75	1516.81	82.27	29.51	88.01	2.70	2812	3.23	325.39	55.14	29.88	157.96	19	4.43	2727
河北	8	11	1585.4	458.00	191.20	1.47	408.53	871.31	209.95	7383.75	49.33	274.38	226.72	2.77	17029	2.26	203.69	59.63	22.91	1013.12	40	4.84	4447
山西	9	11	2513.5	86.21	32.10	1.44	455.20	378.34	164.92	3647.96	53.79	48.67	42.88	2.64	7034	2.25	209.63	81.49	22.57	213.00	13	5.44	2799
内蒙古	11	12	2517.2	767.30	229.20	1.81	6359.11	735.60	191.87	2504.81	59.51	272.97	355.70	4.04	4732	2.55	237.35	14.07	28.95	389.28	67	4.34	2126
辽宁	9	12	2690	120.88	30.50	1.97	323.93	416.41	222.14	4391	67.05	96.57	128.75	2.60	8126	2.56	244.07	29.68	22.6	1663.14	26	4.2	6013
吉林	9	12	2674.5	47.58	23.20	1.47	437.90	561.53	48.31	2752.38	54.81	14.10	27.32	2.58	5085	2.23	159.41	65.89	30.81	644.20	11	3.44	2578
黑龙江	9	12	2055.9	518.23	191.70	1.57	608.17	1222.59	60.21	3833	58.01	150.31	334.51	2.78	6636	1.96	179.71	40.77	19.85	263.18	89	3.83	3744
上海	7	5	1612.6	26.53	5.80	3.48	3.73	35.70	89.98	2425.68	89.6	45.18	144.02	3.01	3962	4.39	494.26	15.66	27.47	92.57	12	5.12	5156
江苏	7	6	1863.8	59.89	20.40	2.40	32.57	767.86	196.15	7960.06	65.21	122.44	98.49	3.43	16966	3.25	303.81	5.88	26.84	478.66	46	4.56	8796
浙江	7	6	1407.2	18.21	5.20	2.85	207.52	227.40	194.25	5508	64.87	37.56	48.03	2.72	9841	3.79	283.59	23.16	22.12	438.09	23	3.76	6510
安徽	7	5	1539.4	25.34	11.10	2.69	148.52	894.55	434.30	6082.9	49.15	89.98	69.00	2.78	14207	2.31	323.75	5.08	21.39	429.31	18	5.57	4862
福建	6	7	1591.7	14.93	5.00	2.16	195.71	230.52	111.76	3806	61.8	21.83	13.16	2.72	7910	3.08	264.37	32.78	24.34	748.85	14	3.61	3366
江西	6	4	1810.5	12.25	7.50		384.76	557.06	151.88	4542.16	50.22	27.40	31.74	2.55	11240	2.19	217.66			1272.87	11	4.29	2801
山东	7	11	2168	271.43	125.00	1.91	132.92	1103.79	264.46	9789.43	55.01	231.57	293.25	2.70	22019	2.83	263.62	19.1	21.92	2678.47	53	5.07	7415
河南	7	11	1894.2	316.42	100.70	1.61	404.33	1437.83	200.80	9436	45.2	188.61	120.22	2.71	23118	2.24	214.23	28.64	22.08	1409.40	35	4.65	7380
湖北	7	2	1596.3	15.40	6.30	2.39	507.15	811.23	150.76	5816	55.67	75.40	55.41	2.65	12591	2.29	218.63	44.08	23.82	950.29	17	3.74	5107
湖南	6	8	1634.4	8.90	14.40	1.46	566.63	876.45	203.05	6737.24	49.28	20.93	44.22	2.52	16221	2.34	147.4	20.58	19.76	1302.40	17	2.71	4725

续表

省(自治区、直辖市)	生态						经济												社会					
	地理气候			生产			环境成本		产地区位			交易			消费			科技			政策		文化
	平均气温小于21℃月数/月	平均相对湿度小于75%月数/月	日照/h	牛奶产量/万t	存栏数/万头	生产总成本/(万元/头)	可利用草地面积/万 hm^2	农作物播种面积/万 hm^2	交通区位/10^7t	总人口数/万人	城乡人口比重/%	鲜奶需求量/万t	液态乳产品销售总额/亿元	鲜奶售均价/元	消费者年龄构成/人	消费能力/万元	奶类消费额/元	成本利润率/%	日均产奶量/kg	配混合饲料产量/万t	乳制品生产企业数/个	乳制品占食品消费支出比/%	大专文化程度以上人数/人
广东	5	3	1613.6	13.76	5.80	2.39	267.72	474.50	343.49	10724	68	56.47	173.15	2.59	21898	3.31	246.06	25.7	23.24	1694.63	38	2.98	7693
广西	5	0	1416.4	9.56	4.70	2.26	650.03	592.99	163.02	4754	46.01	20.83	27.96	2.58	12332	2.33	189.55	31.43	19.81	1330.69	19	3.41	2855
海南	3	0	2112	0.23	0.10		84.33	85.96	23.63	903.48	53.76	0.45	0.40	2.61	1991	2.29	144.75			179.95	2	2.21	555
重庆	7	1	598.4	6.80	2.00	1.66	186.72	354.04	97.38	2991.4	59.6	13.74	31.12	3.29	7254	2.52	317.5	20.31	22.85	235.19	3	4.62	2991
四川	8	1	875.8	70.63	19.40	1.86	1775.31	966.86	159.03	8140.2	46.3	81.86	63.63	2.69	20291	2.24	269.99	47.67		1091.22	25	4.45	5706
贵州	8	1	956	5.45	4.00	1.85	375.97	551.65	85.67	3508.04	40.01	6.74	6.23	2.41	9068	2.07	169.88	22.54		91.42	6	3.4	2763
云南	10	8	2636.4	54.51	15.10	1.61	1192.56	719.44	108.54	4713.9	41.73	49.54	32.83	3.01	10767	2.32	216	20.83	18.36	238.86	17	3.95	2454
西藏	12	12	3053.5	26.97	37.20		7084.68	25.10	1.91	317.55	25.75	0.26	1.15	2.94	788	2.00	398.54			0.74	4	7.22	61
陕西	8	10	1941.8	141.09	46.50	2.09	434.92	426.21	157.01	3775.12	52.57	161.78	155.11	2.62	7950	2.29	273.33	33.78	23.6	258.75	47	4.92	3217
甘肃	12	10	2492.8	38.50	29.40	2.13	1607.16	419.75	57.24	2590.78	41.68	26.57	23.72	3.13	5410	1.90	221.4	33.93		141.54	36	4.81	2061
青海	12	12	2571.3	27.55	28.60	2.63	3153.07	55.37	14.64	583.42	49.78	16.38	7.79	2.76	1223	1.95	204.82	−3.73		3.36	17	4.39	567
宁夏	9	12	2738.8	104.19	34.10	1.60	262.56	125.32	41.31	661.54	53.61	62.99	55.68	2.33	1447	2.18	243.08	43.22	28.16	32.38	21	5.1	540
新疆	9	9	2986.9	134.99	185.30	1.95	4800.68	551.76	72.17	2298.47	46.07	35.38	33.92	2.40	5311	1.99	237.05	52.69	25.14	205.90	49	4.52	2263

注：交通区位为分地区货运量；消费能力是指城镇居民可支配收入；奶类消费量是指城镇居民人均乳制品消费支出；数据不包含中国香港、澳门和台湾地区；空白处代表无此项。

表 5-4　中国各省（自治区、直辖市）标准化评价值

省(自治区、直辖市)	生态						经济											社会					
	地理气候			生产			环境成本		产地区位			交易			消费			科技			政策		文化
	平均气温小于21℃月数	平均相对湿度小于75%月数	日照	牛奶产量	存栏数	生产总成本	可利用草地面积	农作物播种面积	交通区位	总人口数	城乡人口比重	鲜奶需求量	液态乳产品销售总额	售鲜奶均价	消费者年龄构成	消费能力	奶类消费额/元	成本利润率	日均产奶量	配混合饲料产量	乳制品生产企业数	乳制品占食品消费支出比	大专文化程度以上人数
北京	0.5833	1.0000	0.7677	0.0801	0.0628	0.6858	0.0047	0.0136	0.0611	0.2006	0.9637	0.2025	0.2741	0.6713	0.1437	0.9195	0.8519	0.4394	0.9873	0.0607	0.2360	0.7742	0.7299
天津	0.5833	1.0000	0.7420	0.0889	0.0659	0.7661	0.0019	0.0333	0.1146	0.1414	0.9182	0.1075	0.2474	0.6682	0.1216	0.7364	0.6583	0.6766	0.9698	0.0590	0.2135	0.6136	0.3100
河北	0.6667	0.9167	0.5192	0.5969	0.8342	0.9811	0.0577	0.6060	0.4834	0.6885	0.5506	1.0000	0.6374	0.6853	0.7366	0.5149	0.4121	0.7317	0.7436	0.3782	0.4494	0.6704	0.5056
山西	0.7500	0.9167	0.8232	0.1124	0.1401	1.0000	0.0643	0.2631	0.3797	0.3402	0.6003	0.1774	0.1206	0.6546	0.3043	0.5121	0.4241	1.0000	0.7326	0.0795	0.1461	0.7535	0.3182
内蒙古	0.9167	1.0000	0.8244	1.0000	1.0000	0.7972	0.8976	0.5116	0.4418	0.2336	0.6642	0.9948	1.0000	1.0000	0.2047	0.5814	0.4802	0.1727	0.9396	0.1453	0.7528	0.6011	0.2417
辽宁	0.7500	1.0000	0.8810	0.1575	0.1331	0.7309	0.0457	0.2896	0.5115	0.4095	0.7483	0.3519	0.3620	0.6442	0.3515	0.5833	0.4938	0.3642	0.7335	0.6209	0.2921	0.5817	0.6836
吉林	0.7500	1.0000	0.8759	0.0620	0.1012	0.9815	0.0618	0.3905	0.1112	0.2567	0.6117	0.0514	0.0768	0.6399	0.2200	0.5080	0.3225	0.8085	1.0000	0.2405	0.1236	0.4765	0.2931
黑龙江	0.7500	1.0000	0.6733	0.6754	0.8364	0.9204	0.0858	0.8503	0.1386	0.3574	0.6474	0.5478	0.9404	0.6886	0.2870	0.4469	0.3636	0.5003	0.6443	0.0983	1.0000	0.5305	0.4256
上海	0.5833	0.4167	0.5281	0.0346	0.0253	0.4136	0.0005	0.0248	0.2072	0.2262	1.0000	0.1647	0.4049	0.7452	0.1714	1.0000	1.0000	0.1921	0.8916	0.0346	0.1348	0.7091	0.5862
江苏	0.5833	0.5000	0.6104	0.0781	0.0890	0.6000	0.0046	0.5340	0.4517	0.7423	0.7278	0.4462	0.2769	0.8496	0.7339	0.7420	0.6147	0.0721	0.8711	0.1787	0.5169	0.6316	1.0000
浙江	0.5833	0.5000	0.4608	0.0237	0.0227	0.5052	0.0293	0.1582	0.4473	0.5136	0.7240	0.1369	0.1350	0.6742	0.4257	0.8632	0.5738	0.2842	0.7179	0.1636	0.2584	0.5208	0.7401
安徽	0.5833	0.4167	0.5041	0.0330	0.0484	0.5359	0.0210	0.6222	1.0000	0.5672	0.5485	0.3279	0.1940	0.6880	0.6145	0.5271	0.6550	0.0623	0.6943	0.1603	0.2022	0.7715	0.5528
福建	0.5000	0.5833	0.5213	0.0195	0.0218	0.6658	0.0276	0.1603	0.2573	0.3549	0.6897	0.0796	0.0370	0.6746	0.3422	0.7027	0.5349	0.4023	0.7900	0.2796	0.1573	0.5000	0.3827
江西	0.5000	0.3333	0.5929	0.0160	0.0327		0.0543	0.3874	0.3497	0.4236	0.5605	0.0999	0.0892	0.6310	0.4862	0.4988	0.4404			0.4752	0.1236	0.5942	0.3184
山东	0.5833	0.9167	0.7100	0.3537	0.5454	0.7539	0.0188	0.7677	0.6089	0.9129	0.6140	0.8439	0.8244	0.6682	0.9525	0.6445	0.5334	0.2343	0.7115	1.0000	0.5955	0.7022	0.8430
河南	0.5833	0.9167	0.6203	0.4124	0.4394	0.8947	0.0571	1.0000	0.4624	0.8799	0.5045	0.6874	0.3380	0.6721	1.0000	0.5108	0.4334	0.3515	0.7167	0.5262	0.3933	0.6440	0.8390
湖北	0.5833	0.1667	0.5228	0.0201	0.0275	0.6017	0.0716	0.5642	0.3471	0.5423	0.6213	0.2748	0.1558	0.6562	0.5446	0.5224	0.4423	0.5409	0.7731	0.3548	0.1910	0.5180	0.5806
湖南	0.5000	0.6667	0.5353	0.0116	0.0628	0.9842	0.0800	0.6096	0.4675	0.6282	0.5500	0.0763	0.1243	0.6232	0.7017	0.5339	0.2982	0.2525	0.6414	0.4862	0.1910	0.3753	0.5372

续表

省(自治区、直辖市)	生态						经济											社会					
	地理气候			生产			环境成本		产地区位			交易			消费			科技			政策		文化
	平均气温小于21℃月数	平均相对湿度小于75%月数	日照	牛奶产量	存栏数	生产总成本	可利用草地面积	农作物播种面积	交通区位	总人口数	城乡人口比重	鲜奶需求量	液态乳产品销售总额	售鲜奶均价	消费者年龄构成	消费能力	奶类消费额/元	成本利润率	日均产奶量	配混合饲料产量	乳制品生产企业数	乳制品占食品消费支出比	大专文化程度以上人数
广东	0.4167	0.2500	0.5284	0.0179	0.0253	0.6033	0.0378	0.3300	0.7909	1.0000	0.7589	0.2058	0.4868	0.6407	0.9472	0.7546	0.4978	0.3154	0.7543	0.6327	0.4270	0.4127	0.8746
广西	0.4167	0.0000	0.4639	0.0125	0.0205	0.6372	0.0918	0.4124	0.3754	0.4433	0.5135	0.0759	0.0786	0.6399	0.5334	0.5315	0.3835	0.3857	0.6430	0.4968	0.2135	0.4723	0.3246
海南	0.2500	0.0000	0.6917	0.0003	0.0004		0.0119	0.0598	0.0544	0.0842	0.6000	0.0016	0.0011	0.6467	0.0861	0.5229	0.2929	0.0000		0.0672	0.0225	0.3061	0.0631
重庆	0.5833	0.0833	0.1960	0.0089	0.0087	0.8665	0.0264	0.2462	0.2242	0.2789	0.6652	0.0501	0.0875	0.8155	0.3138	0.5750	0.6424	0.2492	0.7416	0.0878	0.0337	0.6399	0.3400
四川	0.6667	0.0833	0.2868	0.0921	0.0846	0.7762	0.2506	0.6724	0.3662	0.7591	0.5167	0.2983	0.1789	0.6653	0.8777	0.5101	0.5463	0.5850		0.4074	0.2809	0.6163	0.6487
贵州	0.6667	0.0833	0.3131	0.0071	0.0175	0.7777	0.0531	0.3837	0.1973	0.3271	0.4465	0.0246	0.0175	0.5964	0.3922	0.4713	0.3437	0.2766		0.0341	0.0674	0.4709	0.3141
云南	0.8333	0.6667	0.8634	0.0710	0.0659	0.8976	0.1683	0.5004	0.2499	0.4396	0.4657	0.1805	0.0923	0.7460	0.4657	0.5299	0.4370	0.2556	0.5959	0.0892	0.1910	0.5471	0.2790
西藏	1.0000	1.0000	1.0000	0.0351	0.1623		1.0000	0.0175	0.0044	0.0296	0.2874	0.0009	0.0032	0.7291	0.0341	0.4566	0.8063			0.0003	0.0449	1.0000	0.0069
陕西	0.6667	0.8333	0.6359	0.1839	0.2029	0.6889	0.0614	0.2964	0.3615	0.3520	0.5867	0.5896	0.4361	0.6482	0.3439	0.5213	0.5530	0.4145	0.7660	0.0966	0.5281	0.6814	0.3657
甘肃	1.0000	0.8333	0.8164	0.0502	0.1283	0.6754	0.2269	0.2919	0.1318	0.2416	0.4652	0.0968	0.0667	0.7749	0.2340	0.4325	0.4479	0.4163		0.0528	0.4045	0.6662	0.2343
青海	1.0000	1.0000	0.8421	0.0359	0.1248	0.5470	0.4451	0.0385	0.0337	0.0544	0.5556	0.0597	0.0219	0.6843	0.0529	0.4447	0.4144	(0.0458)		0.0013	0.1910	0.6080	0.0645
宁夏	0.7500	1.0000	0.8969	0.1358	0.1488	0.9024	0.0371	0.0872	0.0951	0.0617	0.5983	0.2296	0.1565	0.5776	0.0626	0.4979	0.4918	0.5304	0.9140	0.0121	0.2360	0.7064	0.0614
新疆	0.7500	0.7500	0.9782	0.1759	0.8085	0.7394	0.6776	0.3837	0.1662	0.2143	0.5142	0.1289	0.0954	0.5941	0.2297	0.4532	0.4796	0.6465	0.8160	0.0769	0.5506	0.6260	0.2573

注：数据不包含中国香港、澳门和台湾地区；空白处代表无此项。

2. 评价及打分方法

由 5.1.4 节可知，我们将奶牛有机养殖优势区域评价指标体系设计为 1 个目标层、3 个指标类、9 个指标层和 23 个指标项。

首先，根据 23 个指标项，按照正态分布的原则对量化后的标准化评价值进行处理，以正态分布前 50%区域内的落点作为各个指标项的优势评价原则，筛选出各个指标项的优势省（自治区、直辖市）；其次，将筛选出来的指标项优势省（自治区、直辖市）根据指标层的不同，将各个指标层共同拥有的指标项优势省（自治区、直辖市）作为指标层优势省（自治区、直辖市）；再次，将指标层优势省（自治区、直辖市）按照指标类的不同指标类优势省（自治区、直辖市）进行打分及划分优势区域；最后，根据目标层的划分目标，对指标类优势省（自治区、直辖市）进行打分，并划分出全国奶牛有机养殖优势区域。

指标类优势省（自治区、直辖市）的打分方法依据不同省（自治区、直辖市）在指标类的优势明显性，即将在指标类的各个指标层中均显示为优势的省（自治区、直辖市）划分为明显，对其取 3 分；将在指标类的各个指标层中至少两次显示为优势的省（自治区、直辖市）划分为较明显，对其取 2 分；将在指标类的各个指标层中至多一次显示为优势的省（自治区、直辖市）划分为尚明显，对其取 1 分；将在指标类的各个指标层中未显示为优势的省（自治区、直辖市）划分为不明显，对其取 0 分。对目标层优势省（自治区、直辖市）的打分方法与指标类优势省（自治区、直辖市）的打分方法相同。

3. 中国奶牛有机养殖优势区域划分

根据上述评价及打分方法，计算全国 31 个省（自治区、直辖市）[①]的打分结果，见表 5-5，即为指标类优势区域的划分结果，依次划分出内蒙古、黑龙江等生态类优势区域，该区域内的省（自治区、直辖市）拥有良好的生态环境及基础，对发展奶牛有机养殖具有得天独厚的优势；江苏、安徽、北京、上海等经济类优势区域，该区域内的省（自治区、直辖市）具有广阔的消费市场，消费有机牛奶量高，对有机奶牛的养殖具有促进作用；河北、河南等社会类优势区域，该区域内的省（自治区、直辖市）在饮食习惯上偏向于奶类制品，有利于有机奶业在此基础上发展壮大。

表 5-5　中国 31 个省（自治区、直辖市）奶牛有机养殖优势区域差异

类别	省（自治区、直辖市）
生态类优势区域	内蒙古、黑龙江、新疆、云南、吉林、辽宁、河北、山西、山东、河南、宁夏、甘肃、青海、西藏、四川

① 研究不包括中国香港、澳门和台湾地区。

续表

类别	省（自治区、直辖市）
经济类优势区域	江苏、黑龙江、内蒙古、河北、北京、天津、山东、河南、安徽、上海、湖北、四川、浙江、福建、江西、湖南、广东、广西
社会类优势区域	河北、山东、河南、江苏、黑龙江、吉林、内蒙古、北京、新疆、甘肃、陕西、安徽、上海、四川、福建、广东

依据生态类优势区域、经济类优势区域、社会类优势区域，按照上述评价及打分方法，对 31 个省（自治区、直辖市）进行打分，划分出中国奶牛有机养殖优势区域，依据得分值将 31 个省（自治区、直辖市）奶牛有机养殖的优势区域分为三种类型：优势区域、较优势区域和非优势区域（表 5-6）。将优势区域、较优势区域和非优势区域描绘出区域分布示意图见图 5-1。

表 5-6　中国 31 个省（自治区、直辖市）奶牛有机养殖优势度区域差异

优势类型	省（自治区、直辖市）
优势区域	内蒙古、黑龙江、河北、山东、河南、四川
较优势区域	吉林、新疆、甘肃、北京、安徽、江苏、上海、福建、广东、辽宁、天津、山西、陕西、宁夏、青海、西藏、湖北、浙江、江西、湖南、广西、云南
非优势区域	重庆、贵州、海南

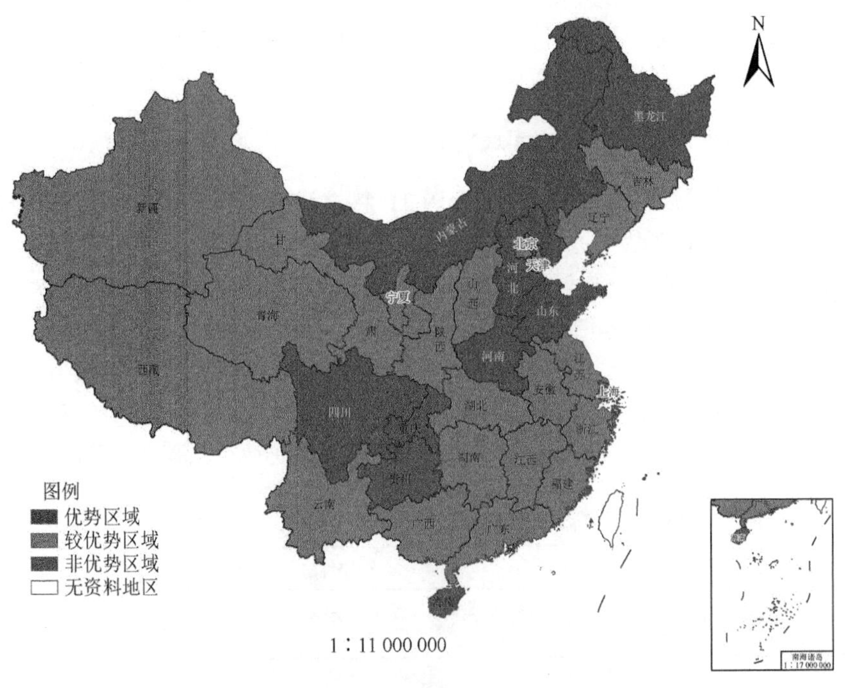

图 5-1　中国有机奶牛养殖区域分布图（见彩图）

（1）优势区域为内蒙古、黑龙江、河北、山东、河南、四川六个省（自治区），这些区域在生态因素、经济因素和社会因素三个方面均具有较高的优势。内蒙古的生态因素方面的优势较大，温度湿度均适宜奶牛的有机养殖，拥有得天独厚的饲料资源，而且其有机奶业和常规奶业的发展在我国均处于领军水平；黑龙江和四川属于半农半牧区，三个因素方面均表现出优势，黑龙江在生态因素和经济因素两个方面表现得更具有优势，环境适宜且拥有良好的奶类市场，而四川则在经济因素和社会因素两个方面的优势更加明显；河北、山东、河南属于农区，三个省拥有广阔的农作物种植面积，可以提供优良的饲料资源，且具有良好的奶业发展基础优势。这些区域均属于我国奶牛有机养殖的优势区域，具有很强的奶牛有机养殖优势，是全国范围内最适合重点发展奶牛有机养殖的区域。

（2）较优势区域包括吉林、新疆、甘肃、北京、安徽、江苏、上海、福建、广东、辽宁、天津、山西、陕西、宁夏、青海、西藏、湖北、浙江、江西、湖南、广西、云南22个省（自治区、直辖市），这些区域在不同的因素上具有一定的优势，相对优势没有那么高。新疆、吉林、甘肃三省（自治区）只在生态因素和社会因素表现出奶牛有机养殖的区域优势，而在经济因素方面未显示出优势；而有些区域如江苏、安徽、北京、上海、福建、广东六省（直辖市）虽然在生态因素未表现出优势，但在经济因素和社会因素两个方面的优势较明显，且这六省（直辖市）的经济较发达，人们对乳制品的消费较多；也有些省（直辖市）只在三个因素的某一个表现出优势，如陕西、天津、山西、辽宁、宁夏、云南、江西、湖南、浙江、湖北、西藏、广西、青海等。这些区域表现出奶牛有机养殖的优势，具有较好的发展奶牛有机养殖业的潜力。

（3）非优势区域有重庆、贵州和海南三个省（直辖市），这些区域无论在生态因素、经济因素，还是在社会因素上均没有显示出优势。这些区域分布在我国的南方地区，温度较高，且气候湿润，生态环境不适宜奶牛有机养殖，且在其他两个因素也未体现出优势。

5.2　特色淡水水产有机养殖环境适宜性研究与优势区域划分

5.2.1　评价指标体系的构建

1. 自然环境要求

自然地理：地理位置、地形地貌、地质等。

气候与气象：所在区域的主要气候特性，年平均风速和主导风向，年平均气温、极端气温与月平均气温，年平均相对湿度，年平均降水，降水天数，降水量极值，日照时数，主要天气特征等。

水文状况：该地区地表水（河流湖泊等）、水系、流域面积、水温特征、地下水资源总量及开发利用情况等。

植被及生物资源：林木植被覆盖率、动植物资源等。

自然灾害：旱、涝、风灾、冰雹、低温、地质灾害等。

2. 生态环境要求

判断原则为有机农业生产不造成生态破坏，严格排除重点生态保护区域如自然保护区。

（1）养殖区域内的生态环境良好，周围、水源上游无对养殖环境构成威胁的污染源，包括工业“三废”、农业废弃物、医疗机构污水及废弃物、垃圾和生活污水等，且周围1km内无水产加工工厂。依据《出境淡水鱼养殖场建设要求》（SN/T 2699—2010），场区位于水生动物疫情非疫区，过去两年内没有发生世界动物卫生组织（OIE）和农业部规定的应上报的动物疾病。

（2）网箱养殖区应符合淡水水域功能区划要求，参照《良好农业规范 第13部分：水产养殖基础控制点与符合性规范》（GB/T 20014.13—2013）。

（3）有机产品生产（种植、养殖、水产等）不破坏水环境生态平衡，水产产地符合《饮用水水源保护区污染防治管理规定》。

3. 水质要求

水生生物的生活环境为水体，水质的好坏直接关系到水生生物的健康及水产品的质量，欧盟和中国有机水产标准都列出了对水质的要求，欧盟总体要求为含氧充足的高质量水源，并根据不同动物和植物种类有不同的要求。饲养双壳类软体动物和其他滤食类动物品种的水质需满足2006/113/EC（关于贝类的水域质量要求），因为滤食类动物的主要营养来源为自然界水体（孵化期和幼年期除外），所以水质要求也应较高，而中国仅规定水质需符合《渔业水质标准》（GB 11607—1989）的要求，即只要符合常规水产养殖的水质要求即可。

将欧盟2006/113/EC的水质指标和中国《渔业水质标准》（GB 11607—1989）进行比较，中国与欧盟对生化指标（pH、温度、色度、悬浮物、盐度、溶解氧）、有机氯代物、石油烃和重金属（Ag、As、Cd、Cr、Cu、Hg、Ni、Pb、Zn）、粪大肠杆菌等常规指标的要求大致相同，但其他指标也各有其特色。欧盟要求检测有机卤代物、贝类毒素（由腰鞭毛虫释放）等指标，但是有机氯代物没有明确哪种有机氯化合物。中国要求检测农药残留，如六六六、滴滴涕、马拉硫磷、五氯酚钠、乐果等禁用农药指标。

国内水质标准主要包括《渔业水质标准》（GB 11607—1989）、《地表水环境质量标准》（GB 3838—2002）与《无公害食品 淡水养殖用水水质》（NY 5051—2001）三大标准，见表5-7和表5-8。

表 5-7　水质标准——感官指标

监测项目	GB 11607 渔业水	GB 3838 地表水三级	NY 5051 淡水养殖
色、臭、味	无异色、异臭、异味	—	—
漂浮物质	无明显油膜或浮沫	—	—
悬浮物质	≤10	—	—

关于感官指标，《渔业水质标准》（GB 11607—1989）要求最为严格，规定了色、臭、味和漂浮物质及悬浮物质的要求。

表 5-8　水质标准——理化指标

监测指标	GB 11607 渔业水	GB 3838 地表水三级	NY 5051 淡水养殖
粪大肠杆菌/(个/L)	—	≤10000	—
pH	6.5～8.5	6～9	—
DO/(mg/L)	5（16h），3	5	—
COD/(mg/L)	—	≤20	—
BOD_5/(mg/L)	—	≤4	—
总大肠菌/(个/L)	≤5000（贝类 500）	—	≤5000
汞/(mg/L)	≤0.0005	≤0.0001	≤0.0005
镉/(mg/L)	≤0.005	≤0.005	≤0.005
铅/(mg/L)	≤0.05	≤0.05	≤0.05
铬(六价铬计)/(mg/L)	—	≤0.05	—
总铬/(mg/L)	≤0.1	—	≤0.1
铜/(mg/L)	≤0.01	—	≤0.01
锌/(mg/L)	≤0.1	≤1	≤0.1
镍/(mg/L)	≤0.05	≤0.02	—
锌/(mg/L)	≤0.1	≤1	≤0.1
砷/(mg/L)	≤0.05	≤0.05	≤0.05
硒/(mg/L)	—	≤0.01	—
非离子氨/(mg/L)	≤0.02	—	—
凯氏氮/(mg/L)	≤0.05	—	—
无机氮/(mg/L)	—	—	—
氨氮/(mg/L)	—	≤1	—
总氮/(mg/L)	—	≤1	—
总磷/(mg/L)	—	≤0.2（湖、库≤0.05）	—
挥发性酚/(mg/L)	≤0.005	≤0.005	≤0.005

续表

监测指标	GB 11607 渔业水	GB 3838 地表水三级	NY 5051 淡水养殖
黄磷/(mg/L)	≤0.001	≤0.001	≤0.001
石油类/(mg/L)	≤0.05	≤0.05	≤0.05
丙烯腈/(mg/L)	≤0.5	≤0.1	—
丙烯醛/(mg/L)	≤0.02	≤0.1	—
六六六/(mg/L)	≤0.002	—	≤0.002
滴滴涕/(mg/L)	≤0.001	≤0.001	≤0.001
马拉硫磷/(mg/L)	≤0.005	≤0.05	≤0.005
五氯酚钠/(mg/L)	≤0.01	≤0.009	—
乐果/(mg/L)	≤0.1	≤0.08	≤0.1
甲胺磷/(mg/L)	≤1	—	—
甲基对硫磷/(mg/L)	≤0.0005	≤0.002	≤0.0005
多氯联苯/(mg/L)	—	—	—
呋喃丹/(mg/L)	≤0.01	—	—
氰化物/(mg/L)	≤0.005	≤0.2	—
硫化物/(mg/L)	≤0.2	≤0.2	—
氟化物/(mg/L)	≤1	≤1	≤1

《盐碱地水产养殖用水水质》（SC/T 9406—2012）中 pH 可达到 11，因此在制定必测指标过程中，将 pH 范围定在 pH≥6.5，其余选项在严格要求的基础上筛选，渔业养殖水质评价指标见表 5-9。

表 5-9　渔业养殖水质评价指标限值

项目	指标	指标限值
基本控制项目	色、臭、味	不应有异色、异臭、异味
	漂浮物质	水面不应出现油膜或浮沫
	pH	≥6.5
	溶解氧/(mg/L)	＞5
	总大肠菌群/(个/L)	≤2000（贝类 140）
	总汞/(μg/L)	≤0.1
	总镉/(μg/L)	≤5
	总铅/(μg/L)	≤50
	总铜/(μg/L)	≤10

续表

项目	指标	指标限值
基本控制项目	总砷/(μg/L)	≤50
	六价铬/(μg/L)	≤100
	锌/(μg/L)	≤100
	镍/(μg/L)	≤50
选择控制项目	氨氮/(mg/L)	≤0.1
	非离子氨/(mg/L)	≤0.02
	亚硝酸盐/(mg/L)	≤0.1
	硫化氢/(mg/L)	≤0.05
	有效磷/(mg/L)	0.1～0.5
	氮磷比	5～12∶1
	透明度/cm	20～40
	挥发酚/(mg/L)	≤0.05
	石油类/(mg/L)	≤0.001
	甲基对硫磷/(mg/L)	≤1
	乐果/(mg/L)	≤0.01
	甲胺磷/(mg/L)	≤1
	甲基对硫磷/(mg/L)	≤0.0005
	呋喃丹/(mg/L)	≤0.01
	丙烯醛/(mg/L)	≤0.02
	丙烯腈/(mg/L)	≤0.01

5.2.2　产地环境适宜性计算方法

产地环境适宜性评价计算方法中，采用单项污染指数法和综合污染指数法进行评估计算，其优势在于简单易操作，而且能够反映农产品产地环境的优劣程度。

1. 单项污染指数法

环境中污染物的污染指数（P_i）按式（5-4）计算：

$$P_i = C_i / S_i \tag{5-4}$$

式中，P_i为污染物 i 的污染指数；C_i为污染物 i 的实测值；S_i为污染物 i 的环境标准。

2. 综合污染指数法

环境中污染物的综合污染指数（P）按式（5-5）计算：

$$P=\sqrt{\frac{(C_i/S_i)_{\max}^2+(C_i/S_i)_{\text{ave}}^2}{2}} \tag{5-5}$$

式中，P 为综合污染指数；$(C_i/S_i)_{\max}$ 为污染物中污染指数的最大值；$(C_i/S_i)_{\text{ave}}$ 为污染物中污染指数的平均值。

当农产品产地环境质量指标高于渔业水质指标限值时，采用单项污染指数法，产地环境质量被评定为不适宜区。

当农产品产地环境质量指标低于渔业水质指标限值时，采用综合污染指数法对综合环境质量进行计算，评定有机产品产地环境质量适宜度。当综合指数值低于 0.5 时，产地环境质量被评定为适宜区，否则评定为尚适宜区。

淡水有机水产产地环境质量最终被判定为适宜区、尚适宜区和不适宜区，如表 5-10 所示。

表 5-10　淡水有机水产养殖产地环境质量分级划定

环境质量等级	水质各单项或综合指数	等级名称
1	＜0.5	适宜
2	0.5～1.0	尚适宜
3	＞1.0	不适宜

5.2.3　特色淡水水产有机产品产地养殖优势区域划分

特色淡水鱼鳜鱼、鳟鱼、长吻鮠、黄颡鱼、黄鳝、乌鳢、鲶鱼的分布区域共计 407 个县（区、市），如表 5-11 所示。

表 5-11　特色淡水鱼分布区域

鳜鱼	鳟鱼	长吻鮠	黄颡鱼	黄鳝	乌鳢	鲶鱼
湖南片	**北京片**	**四川片**	**黑龙江片**	**江苏片**	**江苏片**	**辽宁片**
安乡县	平谷区	眉山市东坡区	肇东市	高淳区	高邮市	灯塔市
鼎城区	怀柔区	长宁县	讷河市	宝应县	金坛区	辽中区
澧县	**河北片**	仁寿县	虎林市	句容市	海门市	新民市
湖北片	赤城县	合江县	通河县	武进区	东台市	**山东片**
阳新县	蔚县	**重庆片**	**辽宁片**	江阴市	滨海县	胶州市

续表

鳜鱼	鳟鱼	长吻鮠	黄颡鱼	黄鳝	乌鳢	鲶鱼
黄陂区	涿鹿县	永川区	辽中区	常熟市	阜宁县	平度市
洪湖市	丰宁县	万州区	灯塔市	海门市	建湖县	鱼台县
江夏区	涞源县	涪陵区	辽阳县	如东县	赣榆区	安丘市
仙桃市	涉县	北碚区	盘山县	东台市	东海县	微山县
监利县	**山西片**	巴南区	**江苏片**	响水县	沛县	寿光市
石首市	朔州市	荣昌区	宝应县	阜宁县	新沂市	高密市
汉川市	沁水县	长寿区	高邮市	建湖县	兴化市	**江苏片**
鄂州市	汾阳市	綦江区	滨海县	楚州区	**浙江片**	如皋市
嘉鱼县	**辽宁片**	铜梁区	阜宁县	邳州市	萧山区	东台市
大冶市	南芬区	**湖北片**	建湖县	新沂市	余杭区	响水县
钟祥市	营口市	荆门东宝区	盐都区	**安徽片**	南浔区	邳州市
天门市	大连市	石首市	楚州区	望江县	德清县	**安徽片**
蕲春县	**黑龙江片**	洪湖市	泗阳县	怀宁县	桐乡市	铜陵市
赤壁市	伊春市西林区	监利县	兴化市	太湖县	**江西片**	宜秀区
沙洋县	宁安市	汉川市	大丰区	宿松县	余干县	繁昌县
江西片	牡丹江市	鄂州市	**安徽片**	桐城市	鄱阳县	芜湖县
永修县	齐齐哈尔市	嘉鱼县	芜湖县	庐江县	南昌县	望江县
鄱阳县	五常市	大冶市	宜秀区	和县	樟树市	怀宁县
南昌县	**云南片**	江夏区	肥东县	无为县	进贤县	枞阳县
武宁县	寻甸县	新洲区	望江县	含山县	**安徽片**	宿松县
进贤县	会泽县	**江西片**	怀宁县	裕安区	和县	桐城市
南城县	剑川县	万安县	和县	霍邱县	霍邱县	颍上县
湖口县	洱源县	庐山区	无为县	定远县	寿县	贵池区
吉水县	古城区	**安徽片**	凤台县	全椒县	无为县	明光市
袁州区	玉龙县	毛集区	枞阳县	当涂县	怀远县	凤台县
分宜县	**贵州片**	凤台县	寿县	天长市	五河县	霍邱县
安徽片	镇宁县	寿县	霍邱县	贵池区	庐江县	寿县
颍上县	关岭县	**广东片**	宣州区	明光市	埇桥区	和县
毛集区	江口县	斗门区	当涂县	**江西片**	谯城区	南陵县
凤台县	乌当区	南海区	繁昌县	南昌县	凤台县	**江西片**
潘集区	兴义市	廉江市	贵池区	进贤县	贵池区	峡江县
大通区	兴仁市		明光市	余干县	明光市	鄱阳县
望江县	惠水县		**江西片**	高安市	颍上县	万安县
枞阳县	铜仁市		湖口县	丰城市	当涂县	泰和县
金安区	锦屏县		星子县	鄱阳县	含山县	崇义县
寿县	花溪区		南昌县	**湖北片**	利辛县	赣县区

续表

鳜鱼	鳟鱼	长吻鮠	黄颡鱼	黄鳝	乌鳢	鲶鱼
金寨县	修文县		鄱阳县	仙桃市	天长市	都昌县
宣州区	都匀市		武宁县	监利县	**湖北片**	永修县
郎溪县	西秀区		都昌县	洪湖市	汉川市	南昌县
贵池区	遵义市		丰城市	汉川市	阳新县	樟树市
巢湖市	盘县		袁州区	孝南区	东西湖区	新干县
	四川片		**湖北片**	天门市	沙市区	安福县
	都江堰市		新洲区	嘉鱼县	监利县	永丰县
	甘肃片		监利县	沙洋县	洪湖市	九江市
	永昌县		洪湖市	潜江市	鄂州市	金溪县
	永登县		汉川市	江陵县	蔡甸区	**湖北片**
	榆中县		天门市	鄂州市	黄梅县	枝江市
	永靖县		潜江市	赤壁市	团风县	长阳县
	临夏市		武穴市	咸安区	大冶市	宜都市
	临泽县		黄梅县	**湖南片**	嘉鱼县	监利县
	玛曲县		荆州市	临湘市	钟祥市	洪湖市
	临潭县		沙洋县	华容县	**湖南片**	仙桃市
	甘州区		公安县	湘阴县	沅江市	潜江市
	玉门市		松滋市	南县	华容县	丹江口市
	积石山县		江夏区	安乡县	南县	团风县
	崆峒区		**湖南片**	澧县	汉寿县	麻城市
	漳县		华容县	鼎城区	安乡县	天门市
			南县	沅江市	**山东片**	曾都区
			沅江市	望城区	微山县	阳新县
			赫山区	赫山区	东平县	**湖南片**
			大通湖区	**四川片**	安丘市	华容县
			鼎城区	简阳市	诸城市	澧县
			安乡县	营山县	高密市	津市市
			汉寿县	仁寿县	利津县	安乡县
			四川片	泸县	鱼台县	洞口县
			东坡区		**广东片**	浏阳市
			彭山区		顺德区	南县
			新津县		南海区	沅江市
					鼎湖区	**四川片**
					增城区	简阳市
					番禺区	资中县
					台山市	安州区

续表

鳜鱼	鳟鱼	长吻鮠	黄颡鱼	黄鳝	乌鳢	鲶鱼
					开平市	雁江区
					惠东县	内江市市中区
					博罗县	
					惠阳区	
					新兴县	
					民众镇	

通过特色淡水鱼分布区域与全国有机产品产地环境适宜性区域分布示意图（图 3-5）叠加，生成特色有机淡水鱼养殖优势区域分布图（图 5-2）。其中适宜性区域（以县域为单位）249 个、尚适宜区域 111 个和不适宜区域 47 个。适宜区域占 61.18%，尚适宜区域占 27.27%，不适宜区域占 11.55%。

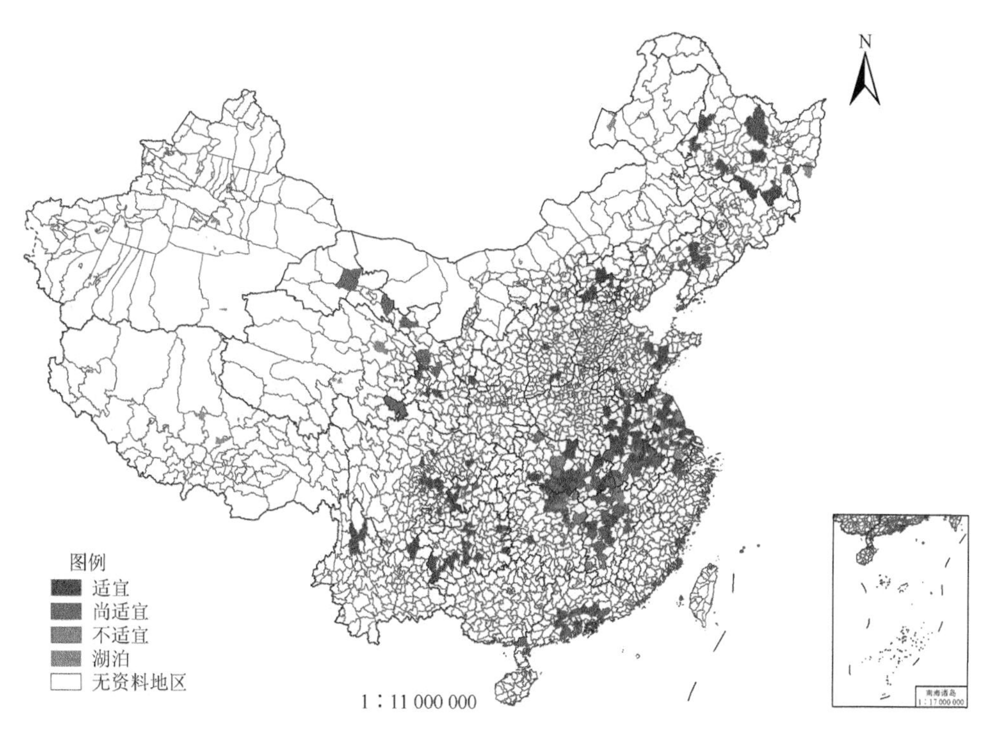

图 5-2　全国特色有机淡水鱼养殖优势区域分布图（见彩图）

参考文献

安立龙，效梅，刘松龄. 1998. 我国气候因素的变化对奶牛生产的影响. 家畜生态，（4）：38-42.

陈豫. 2008. 西北地区以沼气为纽带的生态农业模式区域适宜性评价. 咸阳：西北农林科技大学.
程波. 2012. 畜禽养殖业规划环境影响评价方法与实践. 北京：中国农业出版社.
国家发展和改革委员会价格司. 2014. 全国农产品成本收益资料汇编 2014. 北京：中国统计出版社.
国家统计局. 2015. 中国统计年鉴 2015. 北京：中国统计出版社.
国家统计局农村社会经济调查司. 2015. 中国农村统计年鉴 2015. 北京：中国统计出版社.
胡月，李富忠，常毅，等. 2014. 不同养殖规模下的奶牛区域优势分析. 中国畜牧杂志.（8）：21-25，32.
刘瑶. 2014. 我国奶牛养殖效益及影响因素分析. 北京：中国农业科学院.
司智陟. 2011. 我国牛肉生产区域比较优势分析. 中国畜牧杂志，47（18）：19-21.
王加启. 2011. 决定我国奶业发展方向的 5 个重要指标. 广东奶业，（2）：5-9.
许力飞. 2014. 我国城市生态文明建设评价指标体系研究. 武汉：中国地质大学.
于海龙，李秉龙. 2012. 中国奶牛养殖的区域优势分析与对策. 农业现代化研究，33（2）：150-154.
中国奶业年鉴编辑委员会. 2015. 中国奶业年鉴 2014. 北京：中国农业出版社.
中国农业年鉴编辑委员会. 2015. 中国农业年鉴 2014. 北京：中国农业出版社.

附录1　RB/T 165.1—2018 有机产品产地环境适宜性评价技术规范　第1部分：植物类产品

ICS 03.120.20
A 00

中华人民共和国认证认可行业标准

RB/T 165.1—2018

有机产品产地环境适宜性评价技术规范
第1部分：植物类产品

Technical specification for environmental suitability evaluation on organic producing area——Part 1: Botanical products

2018-3-23 发布　　　　2018-10-1 实施

中国国家认证认可监督管理委员会　发布

前　言

RB/T 165《有机产品产地环境适宜性评价技术规范》分为三个部分：

——第 1 部分：植物类产品；

——第 2 部分：畜禽养殖；

——第 3 部分：淡水水产养殖。

本部分为 RB/T 165 的第 1 部分。

本部分按照 GB/T 1.1—2009 给出的规则起草。

本部分由国家认证认可监督管理委员会提出并归口。

本部分起草单位：环境保护部南京环境科学研究所、中国农业科学院农业资源与农业区划研究所、南京农业大学、国家认证认可监督管理委员会、国家认证认可监督管理委员会认证认可技术研究所。

本部分主要起草人：席运官、王磊、陈秋会、徐爱国、宗良纲、张怀志、肖兴基、陈恩成、王茂华、杨静。

有机产品产地环境适宜性评价技术规范

第 1 部分：植物类产品

1 范围

RB/T 165 的本部分规定了植物类有机产品产地环境调查、环境质量监测、环境适宜性评价和产地环境适宜性评价报告。

本部分适用于拟申报和已获得有机认证的植物类有机产品产地环境适宜性评价或植物类有机产品产地的选择。

2 规范性引用文件

下列文件对于本文件的应用是必不可少的。凡是注日期的引用文件，仅注日期的版本适用于本文件。凡是不注日期的引用文件，其最新版本（包括所有的修改单）适用于本文件。

GB 3095　环境空气质量标准

GB 5084　农田灌溉水质标准

GB 15618　土壤环境质量标准

HJ/T 332　食用农产品产地环境质量评价标准

NY/T 395　农田土壤环境质量监测技术规范

NY/T 396　农用水源环境质量监测技术规范

NY/T 397　农区环境空气质量监测技术规范

3 术语和定义

下列术语和定义适用于本文件。

3.1

植物类有机产品 botanical organic products

根据有机农业生产要求和相应的标准生产、加工和销售，并通过独立的有机认证机构认证的供人类消费或动物食用的植物类产品。

3.2

产地环境 environmental quality of producing area

植物类有机产品的种植基地、野生采集基地的水土气环境质量和生态环境质量。

3.3

环境适宜性评价 environmental suitability evaluation

评定产地环境对于有机产品生产与采集是否适宜以及适宜的程度，是进行有机产品认证的基本依据。

4 产地环境调查

4.1 调查目的

产地环境调查的目的是了解产地环境现状，为产地环境监测合理选取监测指标与科学布点提供依据，为评估报告的编写提供基础资料。根据产地环境条件的要求，从产地自然环境、社会经济及工农业生产对产地环境质量的影响入手，重点调查产地及周边环境质量现状、发展趋势与区域污染控制措施。

4.2 调查方法

采用资料收集、现场调查以及召开座谈会等相结合的方法。

4.3 调查内容

4.3.1 自然地理

产地地理位置（经度、纬度）、地形地貌、产地面积、产地边界同最近污染源的距离等特征。

4.3.2 气候与气象

产地主要气候特征如主导风向、年平均气温、年均降水量、日照时数等，以及自然灾害如旱、涝、风灾、雪灾、冰雹、低温等。

4.3.3 土壤状况

产地土壤基本理化性状，如土壤 pH 值、有机质、氮、磷、钾含量，以及土壤类型、土壤质地、土壤环境质量现状。

4.3.4 水文与水质状况

产地江河湖泊、水库、池塘等地表水和地下水源特征及利用情况，以及灌溉用水质量现状。

4.3.5 生物多样性

产地生物多样性的概况、植被覆盖率、主要树种、病虫害发生情况，尤其关注入侵物种、濒危物种和转基因作物种植状况。

4.3.6 工农业污染

调查产地周围 5km 以内主要工矿企业污染源分布情况（包括企业名称、生产类型与规模、方位、距离，大气环境保护距离）、生活垃圾填埋场、工业固体废弃物和危险废弃物堆放和填埋场、电厂灰场、尾矿库等情况；农业生产农药、肥料、农膜等农用物资单位面积使用的种类、数量和次数等。

4.3.7 社会经济概况

产地所在区域的人口和经济状况、主要道路和农田水利、农、林、牧、副、渔业发展情况，以及近年发生过的重大环境污染和农产品污染事件等。

5 环境质量监测

5.1 环境质量监测指标

5.1.1 监测指标选取总体原则

根据污染因子的毒理学特征和生物吸收、富集能力及污染因子存在的普遍性，依据 HJ/T 332、GB 15618、GB 5084 和 GB 3095，将植物类有机产品产地土壤、水体和环境空气质量监测指标分为必测指标和选测指标两类。根据调查结果，监测指标除必测指标外，结合区域实际情况，选取选测指标。

5.1.2 土壤环境质量要求

有机产品种植产地土壤环境质量指标限值应符合 GB 15618 的规定，具体指标和限值见表 1 和表 2。产地已进行土壤环境背景值调查或近 3 年来已进行土壤环境质量监测，且监测结果（提供监测结果单位资质）符合有机产品土壤环境质量要求的产地可以免除土壤环境的监测。

表 1 土壤环境质量必测指标含量限值 单位：mg/kg

指标		土壤 pH 值分级			
		pH≤5.5	5.5＜pH≤6.5	6.5＜pH≤7.5	pH＞7.5
总镉		≤0.30	≤0.40	≤0.50	≤0.60
总汞		≤0.30	≤0.30	≤0.50	≤1.0
总砷	水田	≤30	≤30	≤25	≤20
	其他	≤40	≤40	≤30	≤25
总铅		≤80	≤120	≤160	≤200
总铬	水田	≤250	≤250	≤300	≤350
	其他	≤150	≤150	≤200	≤250
总铜	果园	≤150	≤150	≤200	≤200
	其他	≤50	≤50	≤100	≤100
总镍		≤40	≤40	≤50	≤60
总锌		≤200	≤200	≤250	≤300

表 2 土壤环境质量选测指标含量限值 单位：mg/kg

指标	含量限值
总锰	≤1200
总钴	≤24
总硒	≤3.0
总钒	≤150
总锑	≤3.0
总铊	≤1.0
氟化物（水溶性氟）	≤5.0

续表

指标	含量限值
苯并[a]芘	≤0.10
石油烃总量[a]	≤500
邻苯二甲酸酯类总量[b]	≤10
六氯环己烷总量[c]	≤0.10
双对氯苯基三氯乙烷总量[d]	≤0.10

[a] 石油烃总量为C6～C36总和；
[b] 邻苯二甲酸酯类总量为邻苯二甲酸二甲酯、邻苯二甲酸二乙酯、邻苯二甲酸二正丁酯、邻苯二甲酸二正辛酯、邻苯二甲酸双2-乙基己酯、邻苯二甲酸丁基苄基酯六种物质总和；
[c] 六氯环己烷总量为四种异构体总和；
[d] 双对氯苯基三氯乙烷总量为四种衍生物总和。

5.1.3　农田灌溉水质要求

有机产品产地农田灌溉水质指标限值应符合GB 5084的规定，具体指标和限值见表3。对于以天然降雨为水源的地区，产地可以免除灌溉水的监测。

表3　灌溉水质指标含量限值

指标	含量限值			单位
	水作	旱作	蔬菜	
必测指标				
化学需氧量	≤150	≤200	≤100[a]，≤60[b]	mg/L
pH值	5.5～8.5			
总汞	≤1			μg/L
总镉	≤10			
总砷	≤50	≤100	≤50	
总铅	≤200			
六价铬	≤100			
选测指标				
粪大肠菌群	≤4000	≤4000	≤2000[a]，≤1000[b]	个/100mL
蛔虫卵数	≤2		≤2[a]，≤1[b]	个/L
全盐量	≤1000（非盐碱土地区），≤2000（盐碱土地区）			mg/L
氟化物	≤2（一般地区），≤3（高氟区）			
氯化物	≤350			
氰化物	≤0.5			
石油类	≤5	≤10	≤1	

续表

指标	含量限值			单位
	水作	旱作	蔬菜	
总硼	≤1			mg/L
总铜	≤0.5	≤1		
总锌	≤2			
[a] 加工、烹调及去皮蔬菜。 [b] 生食类蔬菜、瓜类和草本水果。				

5.1.4 环境空气质量要求

有机产品产地环境空气质量指标浓度限值应符合 GB 3095 的规定，具体指标和限值见表 4。

表 4 环境空气质量评价浓度指标限值

指标	浓度限值			单位
	年均	24h 平均	1h 平均	
必测指标				
二氧化硫	≤60	≤150	≤500	μg/m^3
二氧化氮	≤40	≤80	≤200	
臭氧	1h 平均：200；日最大 8h 平均：160			
颗粒物 PM_{10}	≤70	≤150	—	
颗粒物 $PM_{2.5}$	≤35	≤75	—	
一氧化碳	—	≤4	≤10	mg/m^3
选测指标				
总悬浮颗粒物	≤200	≤300	—	μg/m^3
氮氧化物	≤50	≤100	≤250	
总铅	年平均：0.5；季平均：1			
苯并[a]芘	≤0.001	≤0.0025	—	
氟化物	月平均：3；植物生长季平均：2			μg/(dm^2·d)
总镉	≤0.005	—	—	μg/m^3
总汞	≤0.05	—	—	
总砷	≤0.006	—	—	
六价铬	≤0.000025			

选测指标根据作物对相应污染物的敏感度和产地所在区域主要污染源种类情况进行选择。对于茶叶种植基地，选测指标中至少包括铅和汞。

产地周围 5km，主导风向的上风向 20km 内没有工矿企业、垃圾填埋场等污染源的区域可免予环境空气质量调查与监测；当地环保职能部门能够提供本区域当年的环境空气质量监测数据，且能满足本规范环境空气质量的要求，则也可免予调查与监测。

5.2 监测与分析方法

5.2.1 监测原则

监测样点选取遵循代表性、准确性、合理性和科学性的原则，能够用最少点数代表整个产地环境质量。

5.2.2 土壤监测

5.2.2.1 布点方法

种植基地监测点位的布设以能够对产地有代表性为原则，布点方法可采用梅花布点法、随机布点法和蛇形布点等方法，包括：

a）在环境因素分布比较均匀的产地采取网格法或梅花法布点；

b）在环境因素分布比较复杂的产地采取随机布点法布点；

c）在可能受污染的产地，可采用放射法布点。

5.2.2.2 布点数量

土壤监测布点数量包括：

a）种植面积在 60hm^2 以下、地势平坦、土壤结构相同的地块，设 2～3 个采样点；

b）种植面积在 60hm^2～150hm^2、地势平坦、土壤结构有一定差异的地块，设 3～4 个采样点；

c）种植面积在 150hm^2 以上，地形变化大的地块，设 4～5 个采样点。对于土壤本底元素含量较高、土壤差异较大、特殊地质的区域，应酌情增加布点；

d）野生产品采集地，面积在 1 000hm^2 以内的产区，一般均匀布设 3 个采样点，大于 1 000hm^2 的产地，根据增加的面积，适当增加采样点数。

5.2.2.3 采样和分析方法

土壤监测采样和分析方法包括：

a）土壤样品原则上安排在申请认证作物生长期内采集，第一年度采集一次，后续根据需要进行采样，但至少每 3 年要采集检测一次；

b）多年生植物（如果树、茶叶），土壤采样深度为 0cm～40cm；一年生植物，食用菌栽培，采样深度为 0cm～20cm。一般每个样点采集 500g 的混合土壤样；

c）其他采样要求和分析方法应符合 NY/T 395 的要求。

5.2.3 水质监测

5.2.3.1 布点数量

水质监测布点数量包括：

a）灌溉水监测布点：灌溉水进入产地的最近入口处采样，多个来源的，则每个来源的灌溉水都需采样；

b）引用地下水进行灌溉的，在地下水取井处设置采样点。

5.2.3.2 采样和分析方法

灌溉水质采样和分析方法应符合 NY/T 396 的要求。

5.2.4 空气监测

5.2.4.1 布点数量

依据产地环境现状调查分析结论，确定是否进行环境空气质量监测。进行产地环境空气质量监测的地区，可根据当地作物生长期内的主导风向，重点监测可能对产地环境造成污染的污染源的下风向。包括：

a）种植基地面积在 $60hm^2$ 以下且布局相对集中的情况，可在种植基地内设1～2 个监测点；

b）种植基地面积在 $60hm^2$～$150hm^2$ 且布局相对集中的情况，可在种植基地区域内设 2～3 个监测点；

c）野生采集区域面积在 $1000hm^2$ 以下且布局相对集中的情况下，可在采集区域内设 1～2 个监测点，超过 $1000hm^2$，可在采集区域内设 2～3 个监测点；

d）种植和野生采集基地相对分散的情况，可根据需要适当增加监测点。

5.2.4.2 采样和分析方法

空气监测采样和分析方法包括：

a）采样时间应选择在申报有机认证植物的生长期内进行，一个认证年度采集一次；

b）其他采样要求和分析方法应符合 NY/T 397。

6 环境适宜性评价

6.1 各类参数计算

6.1.1 单项污染指数法

单项污染指数 P_i 评价按照式（1）计算：

$$P_i = C_i / S_i \qquad (1)$$

式中：

P_i——污染物 i 的污染指数；

C_i——污染物 i 的实测值；

S_i——污染物 i 的环境标准。

6.1.2 综合污染指数法

综合污染指数 P 按照式（2）计算

$$P=\sqrt{\frac{(C_i/S_i)^2_{\max}+(C_i/S_i)^2_{\text{ave}}}{2}} \quad \cdots\cdots\cdots\cdots\cdots\cdots \text{（2）}$$

式中：

P ——综合污染指数；

$(C_i/S_i)_{\max}$——污染物中污染指数的最大值；

$(C_i/S_i)_{\text{ave}}$——污染物中污染指数的平均值。

6.2 环境质量等级划分

6.2.1 依据环境质量检测结果，按表 5 进行适宜性评价。评价时首先采用单项污染指数法，如果单项污染指数均小于或等于 1，则采用综合污染指数法进行评价。

6.2.2 若有机种植产地环境的土壤、水质、空气质量评价均达到“适宜”等级，则将产地环境适宜性判定为适宜；若产地环境的土壤、水质、空气质量中有一项没有达到“适宜”等级，但均没有达到“不适宜”等级，则判定为尚适宜；若产地环境的土壤、水质、空气质量评价中有一项判定为“不适宜”，则判定为不适宜。对于多个采样监测点，产地环境质量等级以最低的监测点等级判定。

6.2.3 产地处于污染源的大气环境保护距离之内、在国家法律法规禁止农业生产的区域内，被判定为产地环境质量不适宜。

表 5 植物类有机产品产地环境质量分级划定

环境质量等级	土壤各单项或综合污染指数	水质各单项或综合污染指数	空气各单项或综合污染指数	等级名称
1	≤0.7	≤0.5	≤0.6	适宜
2	0.7～1.0	0.5～1.0	0.6～1.0	尚适宜
3	＞1.0	＞1.0	＞1.0	不适宜

7 产地环境适宜性评价报告

7.1 调查概述

应包括任务的来源、调查对象、调查单位和调查人员、调查时间和调查方法。

7.2 申报有机认证产品产地基本情况

应包括自然状况与自然灾害、农业生产概况与近 3 年农药、肥料、农膜使用情况、社会经济发展、水土气环境质量现状、生物多样性概况、污染源分布和污染防治与生态保护措施等。评价报告还应附产地地理位置图和地块分布图。

7.3 环境质量监测

应包括布点原则与数量、分析项目、分析方法和测定结果。免测的项目应注明免测理由。评价报告还应附采样点分布图。

7.4 产地环境评价

应包括评价方法、评价标准、评价结果与分析。

7.5 结论

应包括国家相关法律法规的符合性、环境质量的适宜性和潜在的污染风险与防范措施建议等。

附录 2　RB/T 165.2—2018 有机产品产地环境适宜性评价技术规范　第 2 部分：畜禽养殖

ICS 03.120.20
A 00

中华人民共和国认证认可行业标准

RB/T 165.2—2018

有机产品产地环境适宜性评价技术规范
第 2 部分：畜禽养殖

Technical specification for environmental suitability evaluation on organic producing area——Part 2: Livestock and poultry

2018-03-23 发布　　**2018-10-01 实施**

中国国家认证认可监督管理委员会　发布

前　言

RB/T 165《有机产品产地环境适宜性评价技术规范》分为三个部分：

——第 1 部分：植物类产品；

——第 2 部分：畜禽养殖；

——第 3 部分：淡水水产养殖。

本部分为 RB/T 165 的第 2 部分。

本部分按照 GB/T 1.1—2009 给出的规则起草。

本部分由国家认证认可监督管理委员会提出并归口。

本部分起草单位：环境保护部南京环境科学研究所、南京农业大学、国家认证认可监督管理委员会、国家认证认可监督管理委员会认证认可技术研究所。

本部分主要起草人：席运官、王磊、陈秋会、和文龙、张纪兵、肖兴基、陈恩成、王茂华。

有机产品产地环境适宜性评价技术规范

第 2 部分：畜禽养殖

1　范围

RB/T 165 的本部分规定了有机畜禽养殖产地环境质量调查、环境质量监测、环境适宜性评价和产地环境适宜性评价报告。

本部分适用于拟申报或已经获得有机认证的畜禽养殖场和牧场，以及有机畜禽养殖场和牧场的选择。

2　规范性引用文件

下列文件对于本文件的应用是必不可少的。凡是注日期的引用文件，仅注日期的版本适用于本文件。凡是不注日期的引用文件，其最新版本（包括所有的修改单）适用于本文件。

GB/T 5750　生活饮用水标准检验方法

HJ/T 91　地表水和污水监测技术规范

HJ/T 164　地下水环境监测技术规范

HJ/T 166　土壤环境监测技术规范

HJ 193　环境空气气态污染物（SO_2、NO_2、O_3、CO）连续自动监测系统安装验收技术规范

HJ 194　环境空气质量手工监测技术规范

RB/T 165.1　有机产品产地环境适宜性评价技术规范　第 1 部分：植物类产品

3　术语和定义

下列术语和定义适用于本文件。

3.1

有机畜禽产品 organic products of livestock and poultry

根据有机农业生产要求和相应的标准生产、加工和销售，并通过独立的有机认证机构认证的供人类消费的畜禽产品。

3.2

有机畜禽养殖环境适宜性评价 environmental suitability evaluation on organic livestock and poultry farm

有机畜禽养殖产地环境对畜禽的生长和畜禽产品安全质量适宜程度的评价，包括畜禽养殖区土壤、畜禽饮用水和养殖区环境空气质量等。

3.3

有机畜禽养殖场 organic livestock and poultry farm

从事有机畜禽养殖和放牧活动的单位及其畜禽养殖涉及的区域。

3.4

缓冲区 buffer zone

用于限制或阻挡污染物质飘移且可明确界定的过渡区域，本标准中规定为场区周围 1km 区域。

4 产地环境调查

4.1 调查目的

畜禽养殖产地环境调查的目的是了解产地环境现状，为产地环境监测合理选取监测指标与科学布点提供依据，为评估报告的编写提供基础资料。重点调查产地及周边环境质量现状、发展趋势与区域污染控制措施。

4.2 调查方法

采用资料收集、现场调查以及召开座谈会等相结合的方法。

4.3 调查内容

4.3.1 自然地理

产地地理位置（经度、纬度）、所在区域地形地貌、产地面积、产地边界同最近污染源的距离等特征；畜禽养殖场的分布是否符合动物防疫的要求。

4.3.2 气候与气象

产地主要气候特征如主导风向、年平均气温、年均降水量、日照时数，以及自然灾害如旱、涝、风灾、雪灾、冰雹、低温等。

4.3.3 土壤状况

产地用地历史及土壤环境质量现状。

4.3.4 水文与水质状况

产地江河湖泊、水库、池塘等地表水和地下水源特征及利用情况。畜禽养殖场和牧场饮用水来源、水质及污染情况，牧场灌溉用水质量现状。

4.3.5 生物多样性

产地生物多样性概况，应重点关注入侵物种、濒危物种和转基因作物种植状况。

4.3.6 污染源

产地周围 1km 缓冲区以内主要工矿企业污染源分布与“三废”排放情况（包括企业名称、生产类型与规模、方位、距离，大气环境保护距离）、生活垃圾填埋场、危险废弃物堆放和填埋场、电厂灰场、尾矿库等分布情况。近年发生过的重大环境污染事件等。

4.3.7 农牧业概况

产地所在区域的人口和经济状况、农业与畜牧业尤其是有机种植与养殖发展情况；调查产地所在区域畜禽养殖过程中兽药、消毒剂等使用的种类、数量和次数，养殖用饲料生产与供给情况，放牧场的生产与管理情况，农畜产品污染事件，畜禽疫病发生情况等。

5 环境质量监测

5.1 环境质量监测指标

5.1.1 监测指标选取

根据污染因子的毒理学特征和生物吸收、富集能力及污染因子存在的普遍性，将畜禽养殖产地土壤、用水和环境空气质量监测指标分为必测指标和选测指标两类。根据调查结果，监测指标除必测指标外，结合区域实际情况，选取选测指标。

5.1.2 土壤环境质量要求

有机畜禽养殖场（畜禽运动场）、有机牧场土壤环境质量评价指标含量限值应符合表 1 的规定。产地近三年来已进行土壤环境质量监测，且监测结果（提供监测结果单位资质）符合本规范土壤环境质量要求的产地可以免除土壤环境的监测。

表 1 放牧区和养殖场、养殖小区土壤环境质量评价指标含量限值 单位：mg/kg

指标	放牧区			养殖场、养殖小区
	土壤 pH 值			
	＜6.5	6.5～7.5	＞7.5	
必测指标				
镉	≤0.30	≤0.30	≤0.60	≤1.0
汞	≤0.30	≤0.50	≤1.0	≤1.5
砷	≤40	≤30	≤25	≤40
铅	≤250	≤300	≤350	≤500
铬	≤150	≤200	≤250	≤300
选测指标				
铜	≤150	≤200	≤200	≤400
锌	≤200	≤250	≤300	≤500
镍	≤40	≤50	≤60	≤200
六氯环己烷	≤0.5			≤1.0
双对氯苯基三氯乙烷	≤0.5			≤1.0
寄生虫卵数（个/kg 土）	≤10			≤10
注 1：重金属和砷均按元素量计，适用于阳离子交换量＞5cmol/kg 的土壤，若≤5cmol/kg，其标准值为表内数值的半数。 注 2：六氯环己烷为四种异构体总量，双对氯苯基三氯乙烷为四种衍生物总量。				

5.1.3 水环境质量要求

有机畜禽养殖场畜禽饮水水质评价限值应符合表 2 的规定，有机牧场畜禽饮用水水质评价指标含量限值应符合表 3 的规定。为保证牧场草场的安全质量，有机放牧区的灌溉用水评价限值应符合 RB/T 165.1 中的农田灌溉水质要求。

表 2 有机畜禽养殖场饮用水评价指标含量限值

指标	含量限值	单位
必测指标		
铅	≤0.01	
镉	≤0.005	
汞	≤0.001	
砷	≤0.01	mg/L
六价铬	≤0.05	
氰化物	≤0.05	
硝酸盐	≤10	
选测指标		
pH 值	6.5～8.5	
氟化物	≤1.0	mg/L
菌落总数	≤100	CFU/mL
总大肠菌群	不得检出	MPN/100mL 或 CFU/100mL
臭和味	无异味、无臭味	
肉眼可见物	无	

表 3 有机牧场畜禽饮用水评价指标含量限值

指标	含量限值	单位
必测指标		
铅	≤0.05	
镉	≤0.005	
汞	≤0.0001	
砷	≤0.05	mg/L
六价铬	≤0.05	
氰化物	≤0.2	
硝酸盐	≤10	

续表

指标	含量限值	单位
选测指标		
pH 值	6.0～9.0	
氟化物	≤1	mg/L
粪大肠杆菌数	≤10000	个/L

5.1.4 环境空气质量评价指标限值

有机畜禽养殖场、有机牧场环境空气质量评价指标限值应符合表 4 的规定。

产地周围 5km，主导风向的上风向 20km 内没有工矿企业、垃圾填埋场等污染源的区域可免予环境空气质量调查与监测；当地环保职能部门能够提供本区域当年的环境空气质量监测数据，且能满足本规范环境空气质量的要求，则也可免予调查与监测。

表 4 环境空气质量评价指标浓度限值

指标	浓度限值			单位
	年均	24h 平均	1h 平均	
必测指标				
二氧化硫	≤60	≤150	≤500	μg/m³
二氧化氮	≤40	≤80	≤200	
臭氧	1h 平均：200；日最大 8h 平均：160			
颗粒物 PM 10	≤70	≤150	—	
颗粒物 PM 2.5	≤35	≤75	—	
一氧化碳	—	≤4	≤10	mg/m³
选测指标				
总悬浮颗粒物	≤200	≤300	—	μg/m³
氮氧化物	≤50	≤100	≤250	
总铅	年平均：0.5；季平均：1			
苯并[a]芘	≤0.001	≤0.0025	—	
氟化物	月平均：3；植物生长季平均：2			μg/(dm²·d)
总镉	≤0.005	—	—	μg/m³
总汞	≤0.05	—	—	
总砷	≤0.006	—	—	
六价铬	≤0.000 025	—	—	

5.2 监测与分析方法

5.2.1 监测原则

监测样点选取遵循代表性、准确性、合理性和科学性的原则，能够用最少点数代表整个产地环境质量。

5.2.2 土壤监测

土壤监测方法包括：

a）土壤监测项目的采样应符合 HJ/T 166 中的规定。

b）分析方法按照 HJ/T 166 规定执行。

5.2.3 水体监测

水体监测方法包括：

a）畜禽饮用水来源为自来水时，采样与分析方法按照 GB/T 5750 规定进行。

b）其他采样要求应符合 HJ/T 91 和 HJ/T 164 规定，分析方法按照 HJ/T 164 规定进行。

5.2.4 环境空气监测

环境空气监测方法包括：

a）环境空气监测项目的采样点、采样环境、采样高度及采样频率应按照 HJ 193、HJ 194 中的规定进行。

b）分析方法按照 HJ 193 和 HJ 194 的规定进行。

6 环境适宜性评价

6.1 各参数计算方法

6.1.1 单项污染指数法

单项污染指数 P_i 评价按照式（1）计算：

$$P_i = C_i/S_i \quad (1)$$

式中：

P_i——污染物 i 的污染指数；

C_i——污染物 i 的实测值；

S_i——污染物 i 的环境标准。

6.1.2 综合污染指数法

综合污染指数 P 按照式（2）计算

$$P = \sqrt{\frac{(C_i / S_i)_{\max}^2 + (C_i / S_i)_{\mathrm{ave}}^2}{2}} \quad (2)$$

式中：

P ——综合污染指数；

$(C_i/S_i)_{\max}$ ——污染物中污染指数的最大值；

$(C_i/S_i)_{\mathrm{ave}}$ ——污染物中污染指数的平均值。

6.2 环境质量等级划分

6.2.1 依据环境质量检测结果，按表5进行适宜性评价。评价时应首先采用单项污染指数法，如果单项污染指数均小于或等于1，则采用综合指数法进行评价。

表5 有机畜禽养殖产地环境质量评价等级划分

环境质量等级	土壤各单项或综合污染指数	水质各单项或综合污染指数	空气各单项或综合污染指数	等级名称
1	≤0.7	≤0.5	≤0.6	适宜
2	0.7～1.0	0.5～1.0	0.6～1.0	尚适宜
3	＞1.0	＞1.0	＞1.0	不适宜

6.2.2 若有机畜禽养殖产地环境的土壤、水质、空气质量评价均达到“适宜”等级，则将产地环境适宜性判定为适宜；若产地环境的土壤、水质、空气质量中有一项没有达到“适宜”等级，但均没有达到“不适宜”等级，则判定为尚适宜；若产地环境的土壤、水质、空气质量评价中有一项判定为“不适宜”，则判定为不适宜。对于多个采样监测点，产地环境质量等级以监测点最低等级判定。

6.2.3 产地处于污染源的大气环境保护距离之内、在国家法律法规禁止农业生产的区域内，被判定为产地环境质量不适宜。

7 产地环境适宜性评价报告

7.1 调查概述

应包括任务的来源、调查对象、调查单位和调查人员、调查时间和调查方法。

7.2 申报有机认证产品产地基本情况

应包括自然状况与自然灾害、畜禽养殖概况与近3年兽药、抗生素使用、疫病发生情况、社会经济发展、水土气环境质量现状、生物多样性概况、污染源分布和污染防治与生态保护措施等。评价报告还应附产地地理位置图和牧场分布图。

7.3 环境质量监测

应包括布点原则与数量、分析项目、分析方法和测定结果。免测的项目应注明免测理由。评价报告应附采样点分布图。

7.4 产地环境评价

应包括评价方法、评价标准、评价结果与分析。

7.5 结论

应包括国家相关法律法规的符合性、环境质量的适宜性和潜在的污染风险与防范措施建议等。

附录 3　RB/T 165.3—2018 有机产品产地环境适宜性评价技术规范　第 3 部分：淡水水产养殖

ICS 03.120.20
A 00

中华人民共和国认证认可行业标准

RB/T 165.3—2018

有机产品产地环境适宜性评价技术规范
第 3 部分：淡水水产养殖

Technical specification for environmental suitability evaluation on organic producing area——Part 3: Freshwater aquaculture

2018-3-23 发布　　　　2018-10-1 实施

中国国家认证认可监督管理委员会　发布

前　　言

RB/T 165《有机产品产地环境适宜性评价技术规范》分为三个部分：

——第 1 部分：植物类产品；

——第 2 部分：畜禽养殖；

——第 3 部分：淡水水产养殖。

本部分为 RB/T 165 的第 3 部分。

本部分按照 GB/T 1.1—2009 给出的规则起草。

本部分由国家认证认可监督管理委员会提出并归口。

本部分起草单位：环境保护部南京环境科学研究所、国家认证认可监督管理委员会、国家认证认可监督管理委员会认证认可技术研究所。

本部分主要起草人：王磊、陈秋会、席运官、朱瑞俊、张纪兵、肖兴基、陈恩成、王茂华、杨静。

有机产品产地环境适宜性评价技术规范

第 3 部分：淡水水产养殖

1 范围

RB/T 165 的本部分规定了有机淡水水产养殖产地环境调查、环境质量监测、环境适宜性评价和产地环境适宜性评价报告。

本部分适用于拟申报或已获得有机认证的淡水水产养殖产地环境适宜性评价。

2 规范性引用文件

下列文件对于本文件的应用是必不可少的。凡是注日期的引用文件，仅注日期的版本适用于本文件。凡是不注日期的引用文件，其最新版本（包括所有的修改单）适用于本文件。

GB 3095 环境空气质量标准

GB 11607 渔业水质标准

GB 15618 土壤环境质量标准

HJ/T 91 地表水和污水监测技术规范

HJ/T 166 土壤环境监测技术规范

HJ 193 环境空气气态污染物（SO_2、NO_2、O_3、CO）连续自动监测系统安装验收技术规范

HJ 194 环境空气质量手工监测技术规范

3 术语和定义

下列术语和定义适用于本文件。

3.1

适宜指数 suitability index

评价区域有机水产养殖的河流、池塘、水库、湖泊等湿地环境的适宜程度。

3.2

环境适宜性 environmental suitability

有机水产养殖产地的底质、水质和环境空气质量是否适宜以及适宜的程度。

4 产地环境调查

4.1 调查目的

通过了解淡水水产产地环境现状，为产地环境监测合理选取监测指标与科学

布点提供依据，为评估报告的编写提供基础资料。根据有机产品产地环境条件的要求，从产地自然环境、社会经济及工农业生产对产地环境质量的影响入手，重点调查产地及周边环境质量现状、发展趋势及区域污染控制措施。

4.2　调查方法

采用资料收集、现场调查以及召开座谈会等相结合的方法。

4.3　调查内容

4.3.1　自然地理

产地地理位置（经度、纬度）、地形地貌、产地面积与同最近污染源的距离等特征。养殖区周边 1km 内应无水产品加工厂，场区不得位于水生动物疫区，过去两年内应未发生国际动物卫生组织（OIE）规定应通报及农业部规定应上报的动物疾病。

4.3.2　气候与气象

产地所在地主要气候特征，如主导风向、年均气温、年均降水量等，以及自然灾害如旱、涝、低温等。

4.3.3　水文与水质状况

产地江河湖泊、水库、池塘等地表水和地下水源特征及利用情况，水环境质量现状。

4.3.4　生物多样性

产地生物多样性的概况，应重点关注水生生物入侵物种、濒危物种和转基因水生生物。

4.3.5　工农业污染

产地周围 5km 以内主要工矿污染源分布情况（包括企业名称、生产类型与规模、方位、距离，大气环境保护距离）、生活垃圾填埋场、工业固体废弃物和危险废弃物堆放和填埋场、电厂灰场、尾矿库等情况；近两年是否发生过重大环境污染和水产品污染事件等；水产养殖过程中水质改良剂、渔药、微生物制剂、饲料等生产投入品使用的种类、数量和次数等。

4.3.6　社会经济概况

产地所在区域的人口、经济和渔业发展概况。

5　环境质量监测

5.1　环境质量监测指标

5.1.1　监测指标选取

根据污染因子的毒理学特征和生物吸收、富集能力及污染因子存在的普遍性，将淡水水产养殖产地底质、水质和环境空气质量监测指标分为必测指标和选测指标两类。根据调查结果，监测指标除必测指标外，结合区域实际情况，选取选测指标。

5.1.2 底质环境质量要求

底质环境质量评价指标限值执行 GB 15618，具体见表 1。

表 1 底质污染物指标含量限值 单位：mg/kg

指标	土壤 pH 值分级		
	≤6.5	6.5＜pH≤7.5	pH＞7.5
必测指标			
总镉	≤0.4	≤0.50	≤0.60
总汞	≤0.3	≤0.50	≤1.0
总砷	≤30	≤25	≤20
总铅	≤120	≤160	≤200
总铬	≤250	≤300	≤350
总铜	≤50	≤100	≤100
总镍	≤40	≤50	≤60
总锌	≤200	≤250	≤300
选测指标			
氟化物（水溶性氟）	≤5.0		
苯并[a]芘	≤0.10		
石油烃总量[a]	≤500		
邻苯二甲酸酯类总量[b]	≤10		
六氯环己烷总量[c]	≤0.10		
双对氯苯基三氯乙烷总量[d]	≤0.10		

[a] 石油烃总量为 C6～C36 总和；
[b] 邻苯二甲酸酯类总量为邻苯二甲酸二甲酯、邻苯二甲酸二乙酯、邻苯二甲酸二正丁酯、邻苯二甲酸二正辛酯、邻苯二甲酸双 2-乙基己酯、邻苯二甲酸丁基苄基酯六种物质总和；
[c] 六氯环己烷总量为四种异构体总和；
[d] 双对氯苯基三氯乙烷总量为四种衍生物总和。

5.1.3 水环境质量要求

水环境质量评价指标含量限值执行 GB 11607，具体见表 2。

表 2 渔业水质评价指标含量限值

指标	含量限值	单位
必测指标		
色、臭、味	无异色、异臭、异味	
漂浮物质	水面不得出现明显油膜或浮沫	
pH 值	＞6.5	

续表

指标	含量限值	单位
溶解氧	＞5	mg/L
五日生化需氧量	≤5	
挥发性酚	≤0.005	
石油类	≤0.05	
汞	≤0.0005	
镉	≤0.005	
铅	≤0.05	
铜	≤0.01	
砷	≤0.05	
铬	≤0.1	
总大肠菌群	≤5000（贝类 500）	个/L
选测指标		
非离子氨	≤0.02	mg/L
硫化物	≤0.2	
氰化物	≤0.005	
五氯酚钠	≤0.01	
氟化物	≤1	
凯式氮	≤0.05	
黄磷	≤0.001	
锌	≤0.1	
镍	≤0.05	
丙烯腈	≤0.5	
丙烯醛	≤0.02	
六氯环己烷（丙体）	≤0.002	
双对氯苯基三氯乙烷	≤0.001	
马拉硫磷	≤0.005	
乐果	≤0.1	
甲胺磷	≤1	
甲基对硫磷	≤0.0005	
呋喃丹	≤0.01	

5.1.4 空气环境质量要求

空气环境质量评价指标浓度限值执行 GB 3095 二级标准浓度限值的规定，具体见表 3。

产地周围 5km、主导风向的上风向 20km 内没有工矿企业等污染源的区域或当地环保职能部门提供、发布的环境空气质量监测数据符合表 3 要求，可免予调查与监测。

表 3 环境空气质量评价指标浓度限值

指标	浓度限值			单位
	年均	24h 平均	1h 平均	
必测指标				
二氧化硫	≤60	≤150	≤500	μg/m³
二氧化氮	≤40	≤80	≤200	
臭氧	1h 平均：200；日最大 8h 平均：160			
颗粒物 PM 10	≤70	≤150	—	
颗粒物 PM 2.5	≤35	≤75	—	
一氧化碳	—	≤4	≤10	mg/m³
选测指标				
总悬浮颗粒物	≤200	≤300	—	μg/m³
氮氧化物	≤50	≤100	≤250	
总铅	年平均：0.5；季平均：1			
苯并[a]芘	≤0.001	≤0.0025	—	
氟化物	月平均：3；植物生长季平均：2			μg/(dm²·d)
总镉	≤0.005	—	—	μg/m³
总汞	≤0.05	—	—	
总砷	≤0.006	—	—	
六价铬	≤0.000 025	—	—	

5.2 监测与分析方法

5.2.1 监测原则

监测样点选取遵循代表性、准确性、合理性和科学性的原则，能够用最少点数代表整个产地环境质量。

5.2.2 底质监测

底质监测方法包括：

a）采样时间与频率：底质应在首次申报有机水产品认证的养殖期内采样 1 次，采样点不少于 3 个；

b）其他采样要求应符合 HJ/T 166 中水田采样方法的规定；

c）分析方法按 HJ/T 166 的规定执行。

5.2.3　水质监测

水质监测方法包括：

a）采样时间与频率：渔业用水在水产品养殖期采样，一个认证年度采集 1 次；

b）水质相对稳定的同一水源（系），采样点布设 2 个～3 个，若不同水源（系）则依次叠加；

c）其他采样要求应符合 HJ/T 91 的规定；

d）分析方法按 HJ/T 91 的规定执行。

5.2.4　空气监测

空气监测方法包括：

a）环境空气检测中的采样点、采样环境、采样高度及采样频率等应按照 HJ 193 自动监测或 HJ 194 手工监测中的规定进行；

b）分析方法按照 HJ 193 自动监测或 HJ 194 手工监测的规定进行。

6　环境适宜性评价

6.1　各类参数计算

6.1.1　单项污染指数法

单项污染指数 P_i 评价按照式（1）计算：

$$P_i = C_i / S_i \quad (1)$$

式中：

P_i——污染物 i 的污染指数；

C_i——污染物 i 的实测值；

S_i——污染物 i 的环境标准。

6.1.2　综合污染指数法

综合污染指数 P 按照式（2）计算

$$P = \sqrt{\frac{(C_i / S_i)_{\max}^2 + (C_i / S_i)_{\text{ave}}^2}{2}} \quad (2)$$

式中：

P　——综合污染指数；

$(C_i/S_i)_{\max}$ ——污染物中污染指数的最大值；

$(C_i/S_i)_{\text{ave}}$ ——污染物中污染指数的平均值。

6.2 环境质量等级划分

6.2.1 依据环境质量检测结果，按表 4 进行适宜性评价。评价时应首先采用单项污染指数法，如果单项污染指数均小于或等于 1，则采用综合指数法进行评价。

表 4 有机淡水水产养殖产地环境质量分级划定

环境质量等级	底质各单项或综合污染指数	水质各单项或综合污染指数	空气各单项或综合污染指数	等级名称
1	≤1.0	≤0.5	≤0.6	适宜
2	≤1.0	0.5～1.0	0.6～1.0	尚适宜
3	＞1.0	＞1.0	＞1.0	不适宜

6.2.2 产地环境的底质、水质、空气质量评价均达到“适宜”等级，则将产地环境适宜性判定为适宜；产地环境的底质、水质、空气质量中有一项没有达到“适宜”等级，但均没有达到“不适宜”等级，则判定为尚适宜；若产地环境的底质、水质、空气质量评价中有一项判定为“不适宜”，则判定为不适宜。对于多个采样监测点，产地环境质量等级以监测点最低的等级判定。

6.2.3 产地处于污染源的大气环境保护距离之内、在国家法律法规禁止农业生产的区域内，应判定为产地环境质量不适宜。

7 产地环境适宜性评价报告

7.1 调查概述

应包括任务的来源、调查对象、调查单位和调查人员、调查时间和调查方法。

7.2 申报有机认证产品产地基本情况

应包括自然状况与自然灾害、渔业生产概况与近 3 年生产投入品使用情况、社会经济发展、产地环境质量现状、生物多样性概况、污染源分布和污染防治与生态保护措施等。评价报告还应附产地地理位置图和水域分布图。

7.3 环境质量监测

应包括布点原则与数量、分析项目、分析方法和测定结果，并附采样点分布图。

7.4 产地环境评价

应包括评价方法、评价标准与评价结果与分析。

7.5 结论

应包括国家相关法律法规的符合性、环境质量的适宜性和潜在的污染风险与防范措施建议。

附录 4　RB/T 170–2018 区域特色有机产品生产优势产地评价技术指南

ICS 03.120.20
A 00

中华人民共和国认证认可行业标准

RB/T 170—2018

区域特色有机产品生产优势产地评价技术指南

Technical guidelines for dominant producing area evaluation on regional special organic products

2018-3-23 发布　　**2018-10-1 实施**

中国国家认证认可监督管理委员会　发布

前　言

本标准按照 GB/T 1.1—2009 给出的规则起草。

本标准由国家认证认可监督管理委员会提出并归口。

本标准起草单位：环境保护部南京环境科学研究所、中国农业科学院农业资源与农业区划研究所、国家认证认可监督管理委员会、国家认证认可监督管理委员会认证认可技术研究所。

本标准主要起草人：席运官、徐爱国、张怀志、王磊、陈秋会、陈恩成、王茂华、肖兴基。

区域特色有机产品生产优势产地评价
技术指南

1　范围

本标准提出了特定行政区域范围内区域特色有机产品生产优势产地的划分方法。

本标准适用于区域特色有机产品生产优势区域的划分。本标准所指有机产品限种植类，不包括野生产品采集、人工种植的食用菌、畜禽养殖、水产养殖等。

2　规范性引用文件

下列文件对于本文件的应用是必不可少的。凡是注日期的引用文件，仅注日期的版本适用于本文件。凡是不注日期的引用文件，其最新版本（包括所有的修改单）适用于本文件。

GB/T 19630.1 有机产品第 1 部分：生产

HJ 19　环境影响技术评价导则　生态影响

RB/T 165.1　有机产品产地环境适宜性评价技术规范　第 1 部分：植物类产品

3　术语和定义

下列术语和定义适用于本文件。

3.1

区域特色有机产品 regional special organic products

特定行政区域内具有地域特色的有机产品统称。

3.2

污染风险区 pollution risk area

区域内有环境污染或有环境污染风险不能满足有机产品生产要求的区域。

3.3

污染风险指数 pollution risk index

指环境污染和有环境污染风险的区域占该区域总土地面积的面积百分比，数值范围 0～100。

3.4

区域生产能力指数 regional production capacity index

以区域特色产品种植面积、农田基础设施、农药用量、有机肥施用量等要素表征区域有机产品生产能力指标，分为优势区、尚具优势区和非优势区三级。

4 评价方法与等级划分

4.1 评价指数

区域特色有机产品生产优势产地评价采用指数方法，分别计算污染风险指数和生产能力指数。

4.2 污染风险指数

4.2.1 基于环境质量数据的污染风险指数

根据水体、土壤、环境空气质量数据，采用单项污染指数与综合污染指数相结合的方式进行评定，评价单元环境质量分级划定参考 RB/T 165.1 执行，等级划分为适宜、尚适宜和不适宜三级。

4.2.2 基于产地污染风险区的污染风险指数

在缺乏评价区域水体、空气、土壤环境质量数据情况下，采用基于产地污染风险区的污染风险指数进行评定。分别为：

a）产地污染风险区缓冲范围划分，指标如表 1 所示。

表 1 产地污染风险区缓冲范围划分指标

污染风险区类型	污染风险区结构类型	缓冲距离/km
矿区	金属矿区	5
	其他矿区	3
	油、气田	3
城区	大城市	5
	工业城市	5
	其他城区	3
交通区	交通主干线	0.5
	县级道路	0.3
污染河湖灌区	污染河湖	2
已污染区	工业污染源、垃圾处理场	5
	重金属超标农田	5

b）产地污染风险指数计算

污染风险指数 PR 按式（1）计算。

$$\mathrm{PR} = S_r/S_t \quad (1)$$

式中：

S_r——污染风险区面积；

S_t——评价单元土地面积。

污染风险评价分级见表 2。

根据调查，若评价单元不符合 GB/T 19630.1 对生产环境的基本要求，或评价单元范围内出现过严重影响有机产品生产安全的生态破坏和环境污染事件，则该区域划分为不适宜区。

表 2　产地环境污染风险评价分级指标

污染风险指数	PR＜20	20≤PR＜60	PR≥60
评价分级	适宜	尚适宜	不适宜

4.3　生产能力指数

4.3.1　农药指数

农药指数 PI 按式（2）和式（3）计算。

$$PI = 100 - PI_s \times A_p \quad (2)$$

$$PI_s = 100/A_{max} \quad (3)$$

式中：

PI_s ——农药归一化系数；

A_p ——评价单元特色产品农药年亩使用量；

A_{max} ——所有评价单元中特色产品年亩农药使用量最大值。

农药指数分级见表 3。

表 3　农药指数（PI）分级表

指数	PI≥90	60≤PI＜90	PI＜60
评价结果	优势	尚具优势	非优势

4.3.2　有机肥指数

有机肥指数 OI 按式（4）和式（5）计算。

$$OI = 100 - OI_s \times A_o \quad (4)$$

$$OI_s = 100/A_{max} \quad (5)$$

式中：

OI_s ——有机肥施用归一化系数；

A_o ——评价单元区域特色产品年亩有机肥施用量；

A_{max} ——所有评价单元中特色产品种植年亩有机肥施用量最大值。

有机肥指数分级见表 4。

表 4　有机肥指数（OI）分级表

指数	OI＜30	30≤OI＜70	OI≥70
评价结果	优势	尚具优势	非优势

4.3.3 种植面积指数

种植面积指数 GI 按式（6）和式（7）计算。

$$GI = 100 - GI_s \times S_p \quad (6)$$

$$GI_s = 100/A_{max} \quad (7)$$

式中：

GI_s ——种植面积归一化系数；

S_p ——评价单元区域特色产品种植面积；

A_{max} ——所有评价单元中区域特色产品种植面积最大值。

种植面积指数分级见表 5。

表 5 种植面积指数（GI）分级表

指数	GI＜30	30≤GI＜70	GI≥70
评价结果	优势	尚具优势	非优势

4.3.4 农业生产基础设施指数

农业生产基础设施指数 IF 按式（8）计算。

$$IF = S_v/S_t \quad (8)$$

式中：

S_v——评价单元有效灌溉面积；

S_t——评价单元耕地面积。

灌溉区域应根据农业生产基础设施指数，衡量区域农田水利基础设施情况，分级应符合表 6 要求。不需要灌溉区域，其特色产品优势产地的划分则不采用此项参数。

表 6 区域农业生产基础设施分级表

农田灌溉面积/耕地面积	IF≥0.6	0.6＞IF≥0.2	IF＜0.2
级别	优势	尚具优势	非优势

4.4 生产优势产地评价

4.4.1 评价步骤

评价步骤包括：

a）确定评价区域的范围和边界，通常以省、市、县、乡镇等行政单元为范围；

b）第二步确定划分的产地评价单元；

c）第三步开展各评价单元的基础数据的调查或采样监测；

d）第四步开展优势产地的评价与划分。

4.4.2 评价方法

区域特色有机产品生产优势产地评价，依据 HJ 19，采用图形叠置法。根据污染风险指数与生产能力指数所分等级进行叠加。可包括：

a）以污染风险指数为底图，叠加生产能力，叠图时底图如为“不适宜”或“非优势”图斑，则评定为非优势区域。

b）若底图为“适宜或尚适宜”、“优势或尚具优势”图斑，则采用叠加图斑，多次叠加，以最低等级为底图。

5 评价结果

区域特色有机产品生产优势产地评价分为 3 级，即：优势、尚具优势、非优势区域。各分级描述见表 7。

表 7　区域特色有机产品生产优势产地评价分级含义

级别	优势	尚具优势	非优势
描述	没有或远离污染风险区域，区域特色有机产品生产能力高	有小面积污染风险区域，具有较高的区域特色有机产品生产能力	处于污染风险区域，或区域特色有机产品生产能力较低

附录 5

附表 1　有机产品禁止生产区域

禁止区域	引用条例
风景名胜区、世界文化自然遗产、国家级森林公园、国家地质公园	《风景名胜区管理暂行条例》《国家级森林公园管理办法》《全国主体功能区规划》
重要生态功能区域、生态敏感区、脆弱区	《关于加强国家重点生态功能区环境保护和管理的意见》《国家生态保护红线生态功能红线划定技术指南》
农产品禁止生产区（农产品产地有毒有害物质不符合产地安全标准，并导致农产品中有毒有害物质不符合农产品质量安全标准的）	《农产品产地安全管理办法》
自然保护区核心区域与缓冲区域	《森林和野生动物类型自然保护区管理办法》《自然保护区土地管理办法》《国家生态保护红线生态功能红线划定技术指南》
湿地	《湿地保护管理规定》
饮用水地下水源一级保护区	《饮用水水源保护区污染防治管理规定》

附表 2　土壤类型分级评价指标分级和分值

分级（分值）	土壤类型（土类）
适宜（3）	潮土、水稻土 黑土、黑钙土、棕壤、暗棕壤、褐土、红壤、黄壤、黄棕壤、黄褐土、赤红壤、砖红壤、草甸土、紫色土、砂姜黑土、火山灰土、栗褐土、栗钙土、灰色森林土、棕色针叶林土、白浆土、灌淤土
尚适宜（2）	黄绵土、黑垆土、林灌草甸土、山地草甸土、灰褐土、棕钙土、灰棕漠土、灰漠土、粗骨土、灰钙土、新积土、红黏土、燥红土、石灰（岩）土、草毡土、黑毡土、寒钙土、冷钙土、冷棕钙土、盐化或碱化土壤亚类[1)]、磷质石灰土、灌漠土、漂灰土、风沙土[2)]
不适宜（1）	草甸盐土、滨海盐土、酸性硫酸盐土、漠境盐土、寒原盐土、碱土、石质土、龟裂土、棕漠土、寒漠土、冷漠土、寒冻土、沼泽土、泥炭土、流动荒漠风沙土（土属名称）

注：1. 盐化或碱化土壤亚类为“尚适宜”级别；在级别“适宜”的土类中，不包括盐化或碱化土壤亚类。

2. 在“尚适宜”级别的“风沙土”中，不包括“流动荒漠风沙土”这一土属。

彩　　图

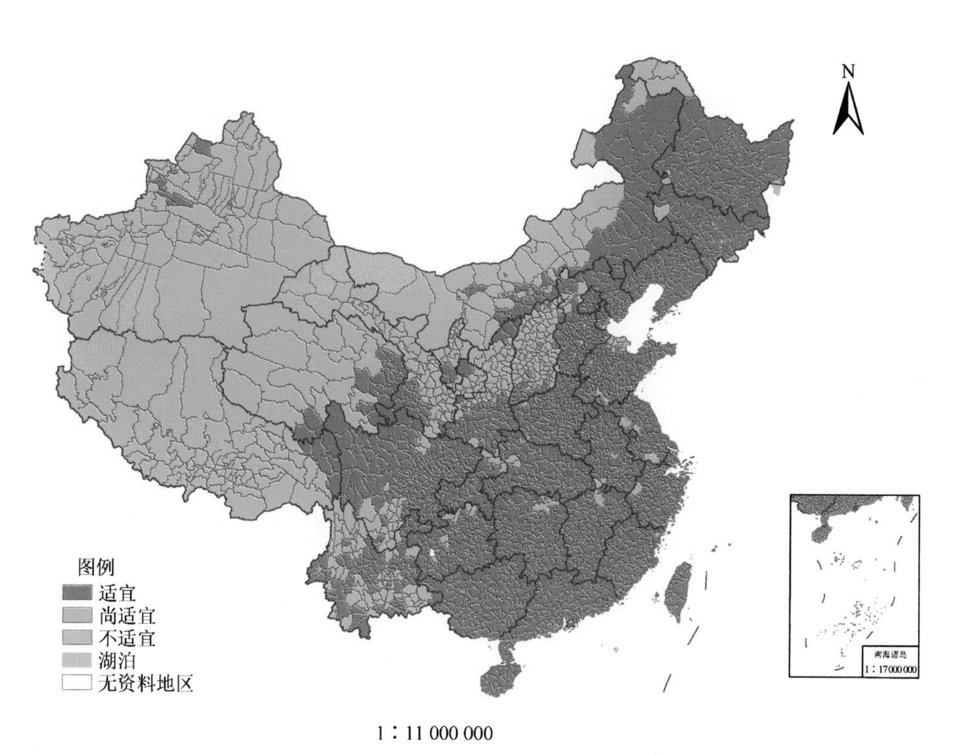

图 3-1　全国有机产品产地自然环境适宜性区域分布示意图

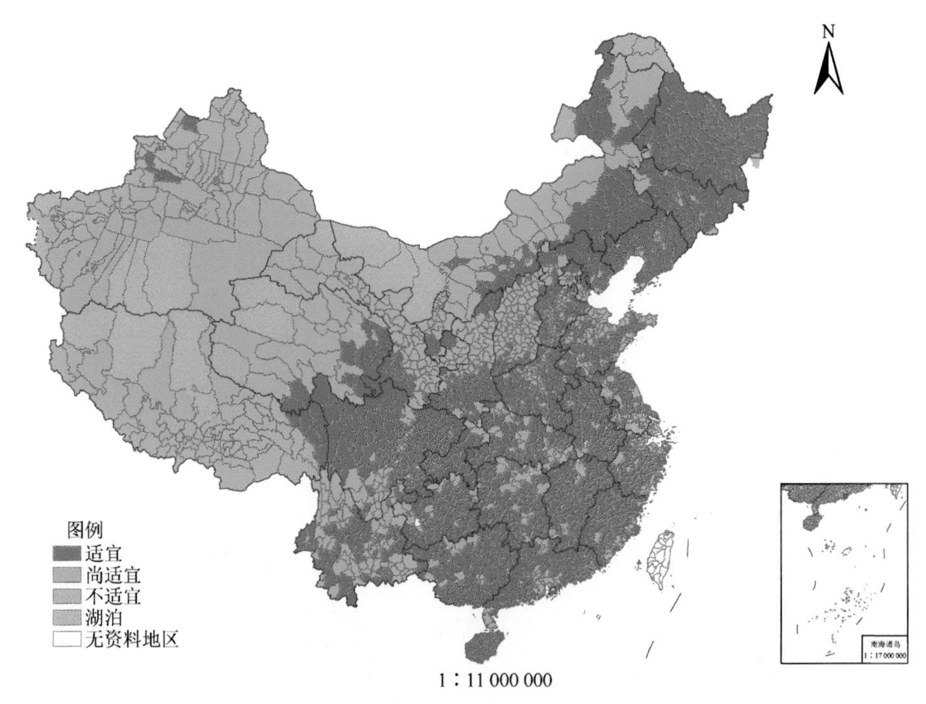

图 3-5　全国有机产品产地环境适宜性区域分布示意图

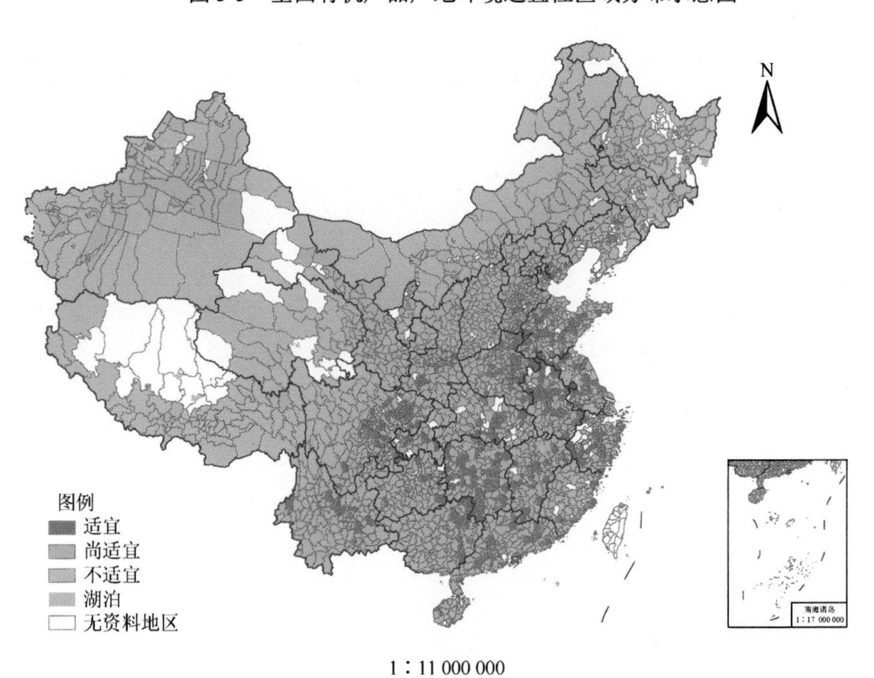

图 4-5　基于蔬菜播种面积指数 + 农药指数 + 农业生产基础设施指数的全国有机蔬菜优势区域分布示意图

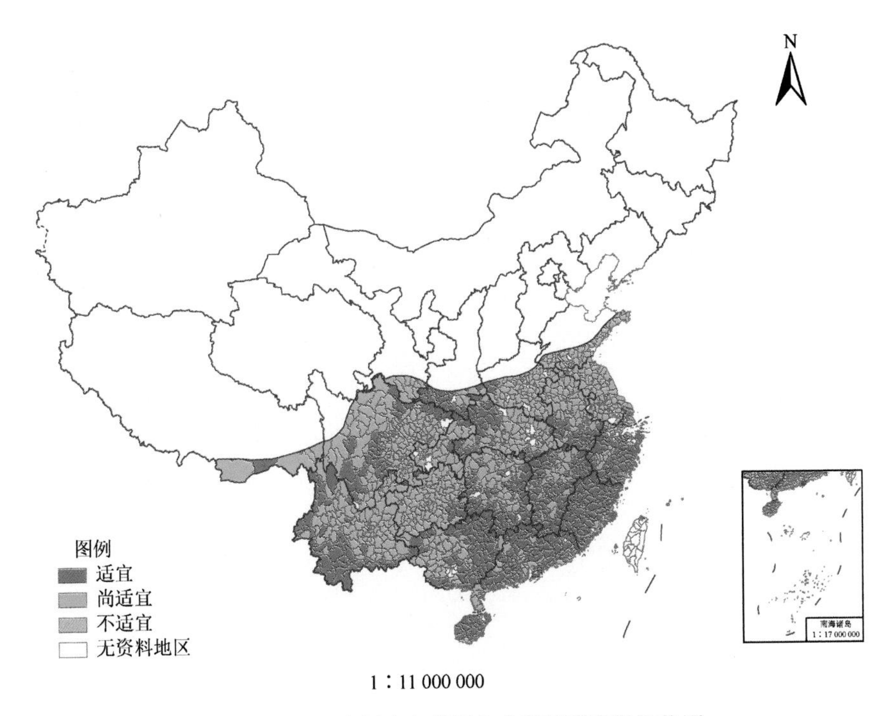

图 4-7　我国南方茶区生态环境适宜性评价图

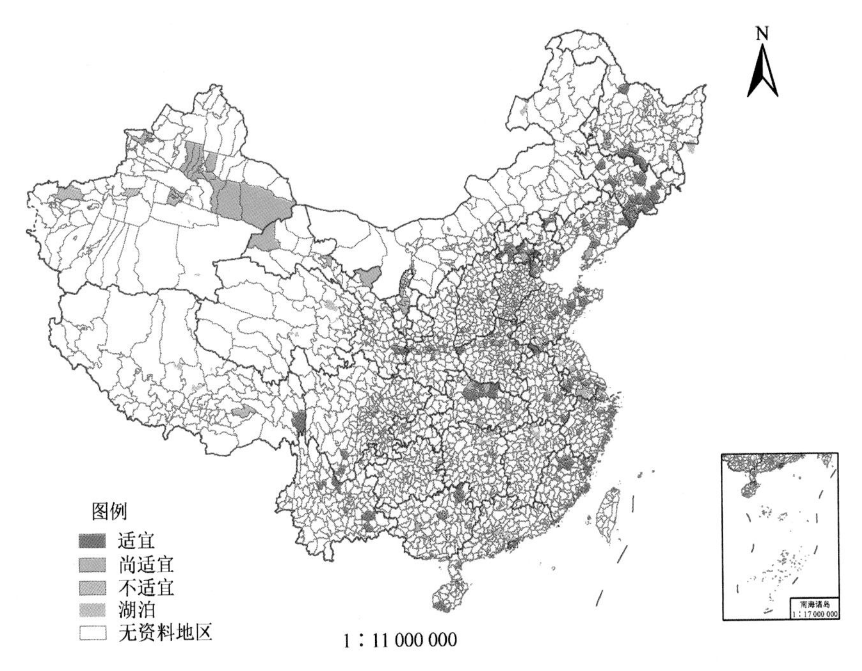

图 4-11　全国葡萄有机生产优势区域分布示意图

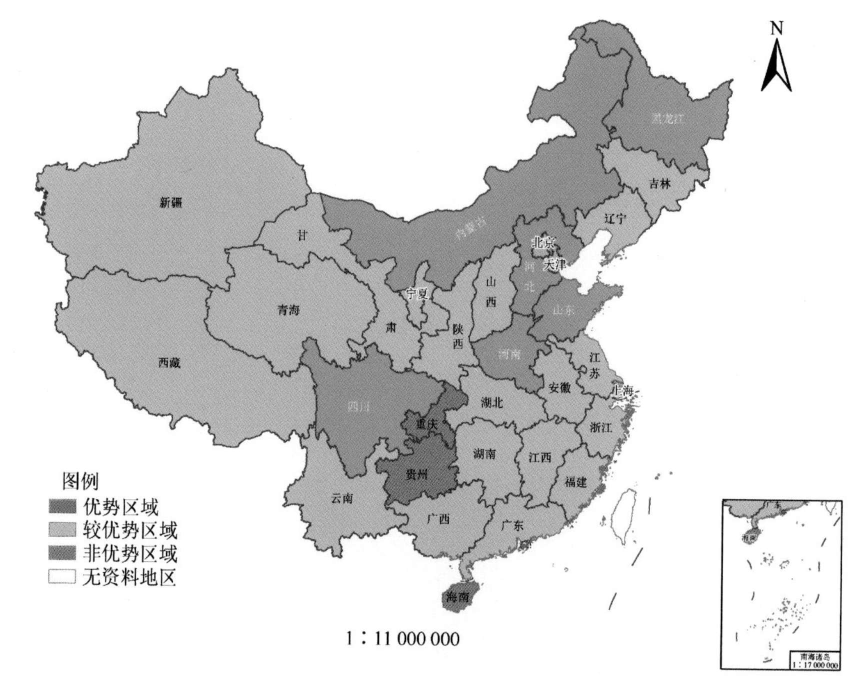

图 5-1　中国有机奶牛养殖区域分布图

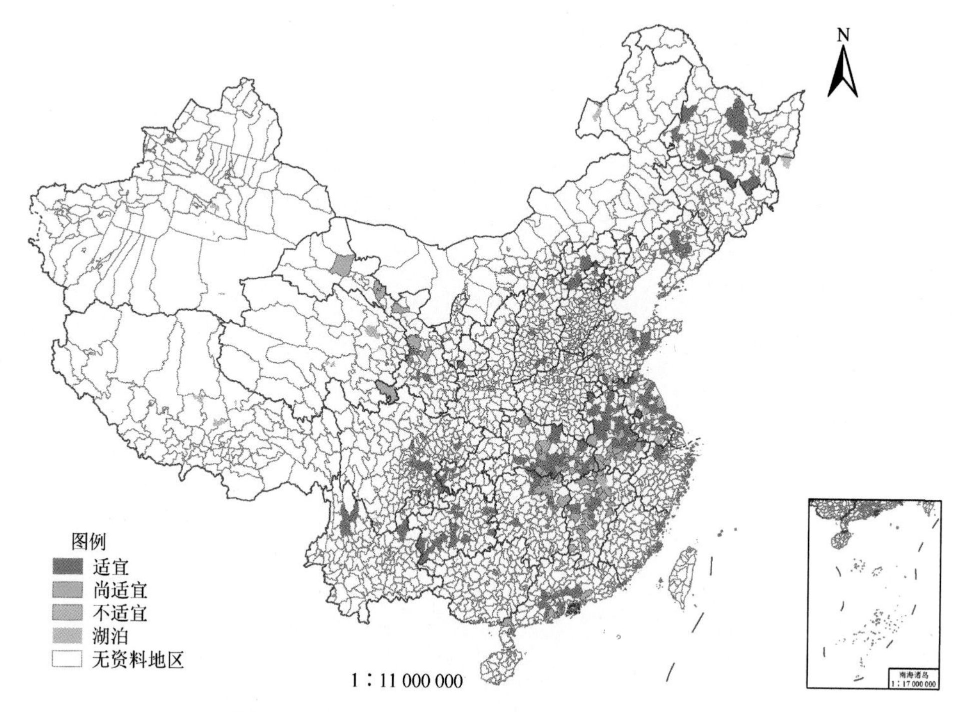

图 5-2　全国特色有机淡水鱼养殖优势区域分布图